解 读 地 球 密 码

丛书主编 孔庆友

地学万卷书

山旺化石

Shanwang Fossil
The"Encyclopaedia"of Geoscience

本书主编 刘凤臣 杜圣贤 韩代成

山东科学技术出版社
·济南·

图书在版编目（CIP）数据

地学万卷书——山旺化石 / 刘凤臣，杜圣贤，
韩代成主编 . -- 济南：山东科学技术出版社，2016.6
（2023.4 重印）
（解读地球密码）
ISBN 978-7-5331-8352-3

Ⅰ . ①地… Ⅱ . ①刘… ②杜… ③韩…
Ⅲ . ①古生物—化石—临朐县—普及读物 Ⅳ .
① Q911.725.24-49

中国版本图书馆 CIP 数据核字 (2016) 第 141402 号

丛书主编　孔庆友

本书主编　刘凤臣　杜圣贤　韩代成

地学万卷书——山旺化石

DIXUE WANJUANSHU——SHANWANG HUASHI

责任编辑：焦　卫　魏海增
装帧设计：魏　然

主管单位：山东出版传媒股份有限公司
出 版 者：山东科学技术出版社
　　　　　地址：济南市市中区舜耕路 517 号
　　　　　邮编：250003　电话：（0531）82098088
　　　　　网址：www.lkj.com.cn
　　　　　电子邮件：sdkj@sdcbcm.com
发 行 者：山东科学技术出版社
　　　　　地址：济南市市中区舜耕路 517 号
　　　　　邮编：250003　电话：（0531）82098067
印 刷 者：三河市嵩川印刷有限公司
　　　　　地址：三河市杨庄镇肖庄子
　　　　　邮编：065200　电话：（0316）3650395

规格：16 开（185 mm×240 mm）
印张：6.25　字数：113 千
版次：2016 年 6 月第 1 版　印次：2023 年 4 月第 4 次印刷
定价：32.00 元

审图号：GS（2017）1091 号

普及地质科学知识
提高民族科学素质

李廷栋
2016年九月

传播地学知识，弘扬科学精神，践行绿色发展观，为建设美好地球村而努力。

翟裕生
2015年10月

贺　词

　　自然资源、自然环境、自然灾害，这些人类面临的重大课题都与地学密切相关，山东同仁编著的《解读地球密码》科普丛书以地学原理和地质事实科学、真实、通俗地回答了公众关心的问题。相信其出版对于普及地学知识，提高全民科学素质，具有重大意义，并将促进我国地学科普事业的发展。

国土资源部总工程师 　　　　

　　编辑出版《解读地球密码》科普丛书，举行业之力，集众家之言，解地球之理，展齐鲁之貌，结地学之果，蔚为大观，实为壮举，必将广布社会，流传长远。人类只有一个地球，只有认识地球、热爱地球，才能保护地球、珍惜地球，使人地合一、时空长存、宇宙永昌、乾坤安宁。

山东省国土资源厅副厅长 　　　　

编著者寄语

★ 地学是关于地球科学的学问。它是数、理、化、天、地、生、农、工、医九大学科之一，既是一门基础科学，也是一门应用科学。

★ 地球是我们的生存之地、衣食之源。地学与人类的生产生活和经济社会可持续发展紧密相连。

★ 以地学理论说清道理，以地质现象揭秘释惑，以地学领域广采博引，是本丛书最大的特色。

★ 普及地球科学知识，提高全民科学素质，突出科学性、知识性和趣味性，是编著者的应尽责任和共同愿望。

★ 本丛书参考了大量资料和网络信息，得到了诸作者、有关网站和单位的热情帮助和鼎力支持，在此一并表示由衷谢意！

科学指导

李廷栋　中国科学院院士、著名地质学家
翟裕生　中国科学院院士、著名矿床学家

编著委员会

目录
CONTENTS

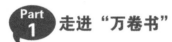

1

Part 3 **"万卷书"之"植物王国"**

尧山组标准剖面/66

万事俱备，只欠东风！尧山组完美地扮演了"东风"这一角色。尧山组的火山岩覆盖在富含动植物化石的山旺组之上，完好地保存了动植物化石。

火山地貌景观剖面/68

竹林排立，参差簇拥，直指蓝天！这是尧山东火山岩景观剖面的壮观景象，是科研教学及观赏、想象的绝佳地。

Part 6 呵护"万卷书"

保护管理 步入正轨/71

1980年，山旺成为我国第一个以保护古生物化石为目的的自然保护区。随着山旺古生物化石保护管理所的成立和国家关于古生物化石保护的一系列措施的提出，山旺化石群的保护管理工作走上了规范化道路。

开发建设 排上日程/74

在保护中开发，在开发中保护。2001年山东山旺国家地质公园成立后，山旺加快了建设步伐、加强了保护力度，开始面向全国，走向世界。

科普活动 越办越红/79

古生物化石保护的真正动力源自内生的求知欲，而科普正是保护古生物化石的目的和途径。

宏伟蓝图　正在实施/81

　　为了进一步提高山旺"万卷书"的知名度，山旺人正在积极创造条件，不断向世界地质公园迈进……

地学知识窗

走进 "万卷书"

"富家不用买良田，书中自有千钟粟；安居不用架高楼，书中自有黄金屋；娶妻莫恨无良媒，书中自有颜如玉。"山旺是一部描写中新世古生物化石产地的教科书，是一本大自然写就的地学"万卷书"。开卷有益，让我们一同翻开"万卷书",用心品读……

"万卷书"的神奇由来

山旺位于山东省潍坊市临朐县城以东22 km，上林镇以东2.5 km，村庄坐落在尧山前坡。也许，很多人都从来没到过这个地方，甚至没有听说过它，但这个小村庄的名字却早已蜚声海内外，因为它是一个令无数地学人向往的地方，是地学人心中神圣的"殿堂"。

所谓"万卷书"，指的就是山旺地区的硅藻土层（图1-1）。它是由硅藻的遗体和黏土胶结而成，内含大量能够呈现丰富地学信息的古生物化石和各种地质遗迹。它质地细腻，颜色灰白，黑白相间，层薄如纸，稍经风化即可层层翘起，宛若张张翻开的书页，所以被形象地称为"万卷书"。

关于山旺"万卷书"的记载最早见于清康熙年间临朐贡生张新修所著《筒丸录》中，文曰："神龙易骨，必于土内，尧山曾出一具……头如牛，一角当顶……"。尧山即今山旺北麓尧山。由此记载可以看出山旺化石在清初即被发现，但当时并未被人们认识。

光绪十年（1884）《临朐县志》载："灵山东南五里俗传山麓溪边有特别产物，曰'万卷书'，自地面掘取极易。其质非土非石，平态洁白，层叠如纸。揭视，内现黑色花纹，昆虫、鱼、鸟、兽……诸形态。"

1935年，《临朐续志》（图1-2）卷二十一至二十三载："尧山东麓有巨涧，涧边露出矿物，其质非石非土，平整洁白，层层成片，揭视之，内有黑色花纹，虫者、鱼者、鸟者、兽者……山水人物花卉者不一其状，俗名万卷书，唯干则碎裂，不能久存。"记载中，除了所谓的"山水人物"是指岩层的花纹与山水和人物相似以外，其余都指的是古生物化石。

由此可以看出，我国古人就已经将山旺地区的地层形象地比喻为"万卷书"。这便是"万卷书"最初的记载和由来。

▲ 图1-1 "万卷书"——硅藻土页岩

▲ 图1-2 《临朐续志》书影

"万卷书"的宝贵价值

山旺"万卷书"中蕴藏着丰富的科学知识，具有重要的地学价值、美学价值、旅游价值和人文历史价值。

"万卷书"的地学价值

"万卷书"的文字——古生物化石，保存精美，丰度颇高。迄今已发现包含硅藻、苔藓植物、裸子植物、被子植物、节肢动物、脊椎动物等逾12个门类700多个化石种，昆虫、被子植物、脊椎动物、硅藻化石丰度之高、保存之精美，举世罕见，是世界著名的特异埋藏化石宝库，对于了解中新世的生物多样性有着极为重要的价值。"书"中的哺乳动物化石对地层划分起着重要的作用，这些化石不仅具有重要的时代意义，而且是进行陆相地层划分和对比的主要依据。"书"中丰富的植物化石不仅对地层的时代划分提供依据，更重要的意义在于它可以反映古环境和古气候特征。植物类群和植被组成是重要的环境指示生物标志。通过对山旺植物化石进行研究可以总结1 800多万年来气候变化的规律，有助于预测未来的气候变化，以指导人类自身遵循大自然规律，实现人类与环境的和谐。

"万卷书"的书页——山旺组岩石，既是精美化石的载体，也是研究化石宝库形成、中新世东亚地区地球表层环境变化的重要方面。三大类岩石含有丰富的矿物类型，如黑云母、斜长石、钾长石、石英，以及玄武岩中的橄榄石、辉石、斜长石等。这些矿物是研究新生代中新世亚洲大陆东部地球表层环境变化与深部变化的重要对象。牛山组、尧山组火山岩对于了解中新世中国东部火山活动及地球深部变化具有重要的科学研究价值。

"万卷书"的书库——山旺盆地，为一中新世的古玛珥湖盆地。由于玛珥湖沉积蕴含丰富的地球表层环境变化的信息，近年来成为国际上研究第四纪全球变化的重要场所之一。中新世是新生代全球环境变化的重要时期，山旺玛珥湖因而具有极为重要的科学研究价值。

"万卷书"的藏地——山旺地区，属于全球中新世火山活动强烈地区，区内玄武岩熔岩流、火山集块岩、火山锥、火山口、次火山等分布广泛，是山旺国家地质公园地质遗迹和地质景观形成的基础，为了解中新世中国东部火山活动规律提供了不可多得的重要依据。

"万卷书"的美学价值与旅游价值

"万卷书"中的化石因保存异常精美而具有特殊美学价值，昆虫翅膜上的翅脉、植物叶的叶脉、花的花序、啮齿类的毛发等细节清晰可辨，很多昆虫和植物叶保存有原始色彩，鱼、蛙、蝾螈、蛇、蝌蚪似乎处于游动的状态，哺乳动物各个姿态自然，甚至动物临死前的痛苦痉挛都可在化石中显现出来。在显微镜下，微体化石真菌、硅藻及孢粉也有着精美的微细构造。化石犹如1 000多万年前大自然缤纷的碎片完好地保留至今，给人以特殊的美感享受。火山地貌也因经历了1 000多万年的风雨、地震、剥蚀而呈现一种沧桑之美。山旺组主剖面规模宏大，气势宏伟，令人震撼。

"万卷书"在当地旅游业发展中的地位和作用越来越突出和重要。许多国内外游客慕名前来，一睹这部地学巨著的风采。自山旺国家地质公园成立以来，共接待来到这里进行科学考察和旅游的游客、专家达数百万人。

图1-3 青少年学生参加科普教育活动

"万卷书"的教学科普价值

"万卷书"中包含有古生物化石、地层剖面、古玛珥湖、火山地质地貌景观等，是进行中新世古生物学、地层学、沉积学、火山地质学等方面科学研究的极佳场所；游客在有限的空间内，便可获取一系列地学知识，因此也是地学科普的良好场所；同时，这里也是进行高等地学野外教学、地学科普教育的重要基地（图1-3）。

"万卷书"的人文历史价值

山旺地区文化底蕴丰厚，年代久远，具有深厚的人文历史价值。

山旺盆地西侧的尧山以尧帝的名字命名（图1-4、图1-5），上有纪念尧帝在此活动的尧帝祠、尧山、尧河、尧沟，这些以远古尧帝命名的山地、川谷，加上周围（临朐、青州、昌乐三县交界地区）的大汶口和龙山文化的数十处原始社会遗址，足以证明这里是尧帝的重要活动场所。尧山最高峰海拔405.50 m，由四个连续的山体簇拥而成，因风化剥蚀作用，山体已经不甚完整。传说中尧王东巡，看到此山绿树环绕，清泉长流，又见山中神奇的石楼、浑然天成的石月亮、栩栩如生的山旺化石等奇观，流连忘返，携清风邀明月而独酌，大醉三日，醒来仍赞不绝口，大呼"真吾之仙山哉"，后封为尧山。

另一座名山——灵山则因春秋战国时期齐景公于此地祈雨而甘霖普降得名，后成为齐国著名的祭天之地（图1-6）。到

5

唐初灵山上建有金钟寺，是江北屈指可数的大寺之一。灵山悠久的历史、古老的文化，在《青州府志》《临朐县志》《昌国舲艎》等史书中多有载述。

图1-5 尧山石棺与尧山石月亮

图1-4 尧山远景

图1-6 灵山

Part 2 解读"万卷书"

　　自然的力量是无穷的，大自然用上百万年时间谱写了一部地学巨著，并使之沉睡在地下千万年。现在这部著作又重见天日，呈现在世人面前，应该说这是大自然对人类的慷慨馈赠！让我们翻开"万卷书"，去仔细解读……

"万卷书"的珍奇"书页"

硅藻（图2-1）是一类最重要的水生浮游植物，分布极其广泛，只要有水的地方，一般都有硅藻的踪迹，尤其是在温带和热带海区。因为硅藻种类多、数量大，被称为海洋的"草原"。

硅藻种类繁多，达11 000多种。海洋中硅藻的种类最多，淡水和潮湿的土壤中也不少。据估测，每1 cm³土壤中有羽纹藻约1亿个。硅藻是一类具有色素体的单细胞植物，常由几个或很多细胞个体连接成各式各样的群体。硅藻种间个体差异大，小者3.5 μm，大者300~600 μm。硅藻的细胞壁由大量的硅质组成，分为上、

下两部分，上面的盖叫上壳，下面的底叫下壳，上壳套住下壳，并且上、下壳面的纹饰图案非常精美，如同透明的水晶箱，又好比一间精致的玻璃小屋。

硅藻为什么要住在玻璃屋里呢？科学家研究发现，这些漂亮可爱的外壳实际上与其功能是紧密相连的。4 000万~6 000万年前，地球大气层内的二氧化碳越来越低，硅藻便把自己装在玻璃容器里，因为这样能在有限的空间内浓缩到足够的反应物质。另外，玻璃壳上那些微孔与细微的纹路让硅藻产生了比平滑表面更多的表面积，这些表面积让硅藻的光合作用更有效

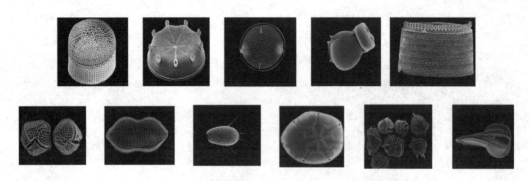

图2-1　硅藻

率。正因为演化出这个玻璃壳，才让硅藻成为地球上数量最多的生物体。

硅藻靠太阳光和吸收水中的无机物生活。每到春季来临，明亮而温暖的阳光便使这些微小的植物苏醒过来。优越的自然条件，给浮游植物的生长带来良好的时机，于是它们迅速繁殖，没有过多久，就铺满了广阔的水面……没阳光，硅藻不能生存，所以它们大多生活在阳光充足的水体表层。硅藻自身不能运动，但体态轻盈，有一些长了许多突起物和刚毛，长成球形，或者长得像降落伞，尽量扩充身体的表面积，以便增加浮力或摩擦力，使它们毫不费力就可长期漂浮在水中。

浮游生物的个体虽然小得微不足道，却是水中原始食物的生产者，没有它们，水里的其他生命恐怕也就无法生存了。尤其是硅藻，营养丰富，容易消化，浮游动物、小鱼小虾和贝类都喜欢吃，许多大家伙像鲸等又都以小鱼小虾等为食料。因此，硅藻等浮游生物的多寡明显地决定着鱼类的数量。另据报道，浮游生物每年制造的氧气就有360亿t，占地球大气氧含量的70%以上。由于硅藻数量又占浮游生物数量的60%以上，可以推算，假设现在地球上没有硅藻了，不用3年地球上的氧气

就耗干了，动物和我们人类也就都没法呼吸了。

硅藻死后，它们坚固多孔的外壳——细胞壁也不会分解，而会沉于水底，经过亿万年的积累和地质变迁成为硅藻土。硅藻土主要由古代的硅藻遗体组成，主要化学成分是含水的SiO_2。

硅藻土页岩（图2-2）是一种沉积矿产，是一种生物成因的硅质沉积物，是由单细胞的硅藻类长年累月沉积在湖水底部，体内原生质分解，以硅酸为主要成分的壳体成层集积而成。

通过观察硅藻土页岩可以发现，硅藻土页岩的颜色深浅纹层相间，一层深的、一层白的组合在一起，称为一对层偶。层偶是由两个不同类型的纹层——硅藻纹层

▲ 图2-2 硅藻土页岩

和黏土纹层或有机纹层组成的。层偶内的纹层之间一般呈现渐变过渡关系。由下部的硅藻纹层逐渐向上过渡为黏土纹层或有机纹层，表现为硅藻含量由高逐渐降低，而有机质含量则由低逐渐增高，颜色表现为由白色或浅色逐渐加深为黑色或暗色。

沉积物深浅颜色相间的形成原因是十分复杂的，但主要与气候季节性变化相关，不同季节气温变化产生了不同颜色的沉积层。一般认为白色或浅色层是温度偏低的季节形成的，此时季节性水流减少或断流，有机物和泥质相对减少。黑色或暗色层是温度适宜的季节形成。此时较大季节性水流挟带的有机物和泥沙入湖量较多，导致了硅藻土层深、浅纹层的形成。所以，一个层偶记录了一年的沉积，代表了一年的时间，就像是树干的年轮。然而

一对层偶的厚度也不过是100 μm。1万年对人类来说是一个漫长的存在，但对硅藻土来说，1万年只是1 m的高度，据此可知大自然谱写这本"万卷书"花了几十万甚至上百万年的时间。

如今，硅藻土已经成为山东省特色矿产之一。硅藻土质地多孔，具有良好的吸收性、吸附性、过滤性和漂白作用，是一种十分难得的、非常重要的非金属矿产。硅壳上有无数间隙，孔隙度极高，具有任何不纯粒子难以逃脱的过滤性和稳定性，具有非常广泛的用途，可用作隔热、隔音材料，石油工业、化学工业催化剂载体及助滤剂和漂白材料（图2-3），广泛应用在医学、啤酒、化学药品、上下水道过滤等方面，同时还是重要的建筑材料、保温材料和绝热材料。

硅藻土1~3 mm

▲ 图2-3 硅藻隔热砖和硅藻土助滤剂

时光穿梭到1 800万年前，山旺地区在很长一段地质时期内经历多次岩浆喷溢，火山活动强烈，形成了一座座古火山，如现在的尧山、鹁鸽山、擦马山等。"万卷书"所在的山旺盆地正是由地表下大量水汽和岩浆相互作用发生爆炸而形成的圆形火山口，被众多低矮的古火山包围，火山口充水形成的火山口湖。今天的山旺是典型的温带大陆性气候，但1 800万年前山旺地区与今完全不同。当时的山旺地区，年平均气温比现在高，空气温暖湿润，大气降水丰沛，属温暖湿润的亚热带气候，茂盛的植被为各种动物的繁衍生息提供了保障；丰富的火山物质给湖中硅藻提供了营养，导致硅藻繁殖速度惊人，伴随着硅藻的沉积，植物和大量的死亡动物也一起在湖中沉积下来；硅藻类死亡后沉积在湖中，历经千万年，形成了厚厚的硅藻土页岩，便是"万卷书"的"书页"。

所以说，"万卷书"是由硅藻的遗体和黏土胶结而成的珍奇"书页"。

"万卷书"的精美"语言文字"

生物一旦死亡，很快便成为其他生物的美味佳肴，即便幸存下来，也大多难逃腐烂瓦解，终将消失于无形，被掩埋并经历漫长的成岩作用而成为化石的寥寥无几。曾有人估计，1万个古生物个体，可能只有1个变成了化石。因此，在地球史上，生物完整的遗骸或其残片能被保存下来完全是一种幸运，1 800万年前叶片清晰的叶脉和鸟类的羽毛能成为化石保存在岩层中，则更加不可思议，这也正是山旺化石的独特和令人叫绝之处。

翻开偌大的"万卷书"，其中不知"书写"了多少大自然的生物造化。

来到山旺，站立于百丈之高的"万卷书"面前，手翻书页，令人顿觉"页岩翻看带插图，穿林睢鸟跃溪鱼。君来此地惊开眼，大自然存万卷书。"步入造型别致的山旺博物馆大楼，聆听细观于各展厅间，催人感悟的则是"河鱼野鹿几还真？造物无言自觉新。唯恐后人多不识，夹藏石卷到如今。"山旺化石种类广泛，迄今为止已发现并研究命名的古生物化石达12个门类700余种，尽显古生物的生命轨迹和古代生态环境，并给后人留下了取之不尽的宝藏。

"书页"质地细腻，颜色灰白，里层极为发达和丰富，分层很薄，1 cm厚的硅藻土竟可剥开四五十层之多，"书页"上的"语言文字"更是精美绝伦，大量精美的古生物化石、多彩的地质遗迹跃然其上。

从某个角度细观，这些硅藻土岩层如书本侧面一模一样，要领略其中"文字"之妙，需要用薄刀片沿层面小心翼翼地拨开，翻开"书页"，植物的花、叶，昆虫的翅膀，小鱼，动物的须毛……跃然纸上。"'万卷书'怕风吹"，在我们感叹大地留给我们如此珍贵的礼物、感受大自然的神奇造化和鬼斧神工时，心中也不由生出了几分怜爱。

"万卷书"的形成

山旺古湖——玛珥湖的形成

"万卷书"正是一个由古老的玛珥湖沉积所形成的。

通常情况下，火山爆发涌出大量熔岩，形成一个锥状火山，火山锥相对高差由几十米到几百米不等，火山外壁坡度一般10°～30°不等，形状呈截顶圆锥体，其上火山口保存完整，再经过多次的降雨，雨水汇集，火山口内便形成了湖泊。而玛珥湖的形成过程则与之相去甚远。

山旺古玛珥湖的形成和发展主要经历了四个大的阶段。

第一阶段为玛珥湖形成前的玄武岩台地形成阶段。在新近纪中新世初期（距今约2 000万年前），山旺及其周围地区有多期的大规模的基性火山喷发，岩浆沿裂隙不断涌出，四处流动，玄武岩和火山喷发间隙的沉积夹层共同构成了牛山组地层,冷却后形成了玄武岩台地。

第二阶段为玛珥湖火山口形成阶段（图2-4、图2-5、图2-6）。大规模火山喷发结束后,火山进入弱活动阶段,这时地下水也充填在地层中。地下水会沿着早期的构造裂隙下渗,当再次发生岩浆活动时,灼热的岩浆与地下水相遇,导致水在极短的时间内转变为高温、爆炸性的水蒸气;体积的急剧膨胀导致地层内部压力骤然升高,超过临界值后,使岩浆与水的混合物冲破上部岩层,形成巨大威力的喷发,如此强力的大爆炸在地表形成深切地层的圆形火山口;大量的岩石碎屑从漏斗形火山口喷出,在火山口周围形成低矮的岩石碎屑环带,筑起了不高的围堰,并产生了大量火山灰。如此形成的火山口湖地

势相对比较低矮,没有明显的锥状火山山体,甚至低于地表,且多为圆形。这就是玛珥火山口。

第三阶段是玛珥湖沉积物堆积阶段（即盆地充填阶段,图2-7）,也可称为"万卷书"的"成书阶段"。

经过火山爆发作用形成火山口之后,地层内压力大大降低,岩浆失去向上运动的能力,火山进入休眠状态。在此期间,大量的地下水涌入火山口内,加上少量的大气降水,火山口变成积水盆地,开始接受沉积物的堆积。至此,玛珥湖雏形已基本形成了。

在该阶段一开始,盆地内的堆积物主要来自于火山口边缘的松散火山碎屑物。火山口外高内低,环形的围堰将湖水与外

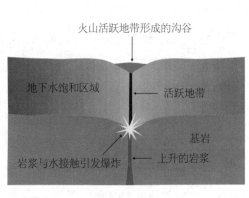

图2-4　玛珥湖形成阶段（一）

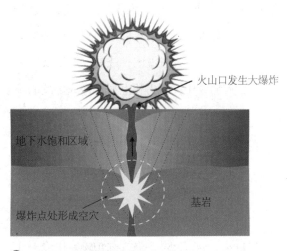

图2-5　玛珥湖形成阶段（二）

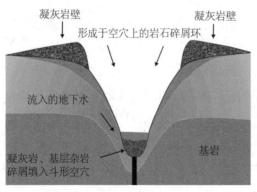

图2-6 玛珥湖形成阶段（三）

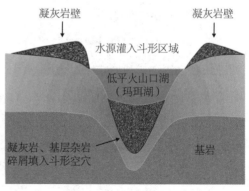

图2-7 玛珥湖形成阶段（四）

界隔绝，地表径流不能进入，只能接收大气降水，外源物质很少进入玛珥湖。在被隔离和水较深两大条件下，玛珥湖水体的物理、化学性质稳定，旱季来临时湖水蒸发、浓缩，硅质浓度逐渐增高，在这种环境下，硅藻植物大量繁殖，而对其他生物来说却是个"死湖"。湖周围自然死亡的生物会落入湖中、沉入湖底，由于火山口壁斜坡非常陡峭，大量来湖边饮水的动物，如鹿、犀牛、半岛原河猪、鸟类等，不小心就会摔进湖内，或是陷进松软的火山碎屑物中没能再爬上来，抑或是被崩塌下来的火山碎屑物质砸中落进湖中……冬去春来，年复一年，玛珥湖内物质缓慢沉积，死去的生物被硅藻迅速掩埋，在湖底年复一年地沉积起来。硅藻土极为细腻，所以动物化石都保留了完好的形态。天长日久，湖水渐渐干涸，沉积物石化成为硅藻土岩层。山旺"万卷书"历经大自然的千秋万变，终于谱写完成。

最后阶段为玛珥湖的封闭阶段。玛珥湖接收的堆积历史行将结束时，新的玄武质熔岩涌入加速了玛珥湖的封闭。在这个阶段，盆地一方面接收少量沉积，一方面接收盆地外涌入的熔岩，最终使整个盆地的堆积物质被掩埋在了玄武岩层之下，山旺"万卷书"便被深深地埋藏了起来。

火山还在继续活动，一座潜火山冒了出来，但化石侥幸逃过了这一劫，有一场更剧烈的火山喷发喷出了大量的岩浆，岩浆覆盖了硅藻土形成了玄武岩层，将化石保护起来。由于地壳的变化，山旺化石所在的地层隆起，顶层的玄武岩被剥离掉了，在化石遭到破坏之前科学家发现了它们，这本地球的"无字天书"终于得以重见天日，展现在世人面前。

山旺古湖——古玛珥湖的演化

山旺古玛珥湖的演化主要经历了三个主要阶段。

一是山旺玛珥湖形成的初期阶段。此时湖水面积较小,地势高差较大,在四周较高的山地里则有较多的山地针叶树林。由于水体面积尚小,生态适应幅度较广的属种,如胡桃属、栎属等相对较多,在低洼的湖岸四周形成了以阔叶落叶林为主的植物景观,在湖岸浅水地带开始生长少量的眼子菜等水—沼生植物。从植物群的生态环境分析,大多数属种反映了暖温带的特性,但也有一定数量的亚热带成分及少量的典型亚热带成分,所以,此时的古气候为北亚热带气候下的温暖期(图

2–8)。

湖内沉积物主要由一套粗碎屑的沙泥岩组成,中间夹数层薄层黑灰色泥岩及灰白色硅藻土,厚度由几十米至几米不等,多分布于玛珥湖的四周边缘地带。

二是山旺玛珥湖发展的全盛阶段。该阶段湖盆面积最大,地势渐趋平缓,加之气候更为温暖湿润,使得性喜湿热的亚热带植物得到进一步发展,因而在湖岸四周的平原上形成了一片片郁郁葱葱含有常绿阔叶成分的落叶阔叶混交林。只有在距湖较远的四周低山丘陵地带才分布一些以松科各属为主的山地针叶林,形成了针叶阔叶混交林。由于气候温暖雨量充沛,在湖岸浅水地带开始繁

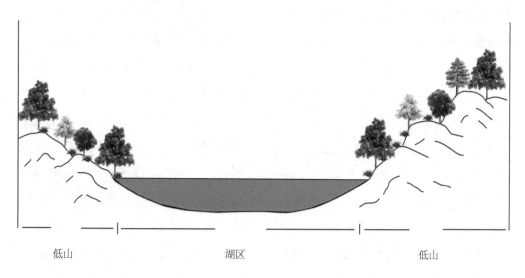

低山   湖区   低山

图 2–8 玛珥湖初期古地理环境

——地学知识窗——

玛珥湖

"玛珥（Maar）"一词来源于拉丁文"Mare"，其原意为"海"，而"Maar"则是生活在德国艾菲尔地区莱茵河畔的人们对当地湖泊和湿地的称呼。19世纪初期，德国地质学家采用"Maar"作为表述具有特殊成因的低平火山口的专用地质名词。德国艾菲尔地区是著名的火山活动区，以其重要的地质构造和著名的火山地貌，特别是玛珥湖的存在，成为吸引科学家考察和人们旅游的地质公园，并被联合国教科文组织认定为世界自然历史文化遗产。

盛一些水生草本植物，在湖中尚有一些菱科植物生长。此时的气候比早期更加温暖湿润，古气候带上划归为亚热带的暖湿期（图2-9）。

该阶段的沉积为山旺盆地山旺组的主体，一般厚度大而稳定，由一套细的灰白色硅藻土和杂色泥岩、页岩等典型的湖相沉积地层组成。

三是山旺玛珥湖衰亡阶段。此时由于地壳运动渐趋活跃，一次又一次的火山喷发使地势高差分异再次加大，湖泊面积大大缩小，湖水变浅，局部出现沼泽。所以，该阶段地层分布非常局限，厚度较小，主要岩性为黑色炭质页岩及杂色泥岩，反映了湖泊沼泽相的沉积类型。再次出现了山地针叶属种相对增加的趋势，

喜静水生活的菱科植物消失，一些陆生草本植物的含量明显增加，而亚热带成分比中期显著减少，气候上反映了温带气候的因素增强。从整体上仍不失为亚热带古气候。该阶段可以称为亚热带的温凉期（图2-10）。

总之，山旺玛珥湖的兴衰演变过程大体上受地壳活动的控制和气候变化的影响。在山旺玛珥湖的形成阶段，古地理表现为低山丘陵，湖盆面积不大，古气候处于亚热带的温暖期，古植被为针叶—落叶阔叶混交林。在山旺玛珥湖的发展及全盛阶段，由于地壳活动相对平静，湖在不断下沉，加之雨量不断增加，湖水面积进一步扩大，古气候处于亚热带的暖湿期，古植被表现为含常绿成分的阔叶落叶林。在山旺玛珥湖的消亡时期，由于火山喷发，

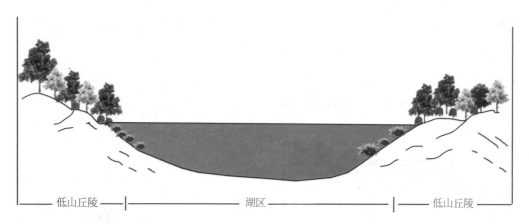

▲ 图2-9　玛珥湖中期古地理环境

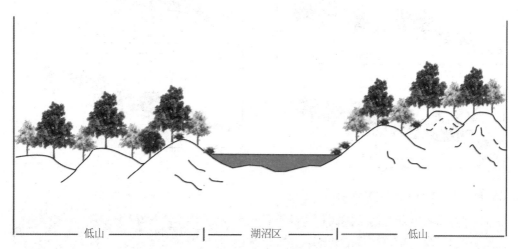

▲ 图2-10　玛珥湖晚期古地理环境

地壳活动复趋活跃，湖区全面抬升，面积萎缩，形成残湖沼泽，古气候反映为亚热带的温凉期。

依据山旺古湖区植被的生态演化特征，新的科学研究将其划分为"湿润环境下的混交中生林""干旱环境下的混交中生林""湿润湖岸环境下的混交中生林""山地、湿润及碱性环境下的混交中生林"和"碱性环境下的混交中生林"5个阶段（图2-11），更为详尽地恢复和重建了山旺古植被演替的动态变化。

如今的玛珥湖俨然已成为一个"聚宝盆"，其中记录着丰富的地球气候的宏观和微观变化、区域地壳运动和热活动史。

其中埋藏着的门类繁多、保存完美的动植物化石，不仅为我们呈现了当时的各种植物生存状态，更向我们提供了植被变化、动物演化、生态环境变化、太阳周期性活动以及地震等多方面的信息，有着重要的科研价值。

放眼望去，千万年前的玛珥湖，如今也只剩下了一块干涸的盆地——山旺盆地（图2-12），默默地承载着村庄、农田和树林。

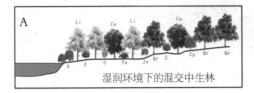

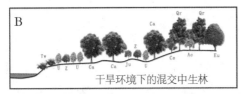

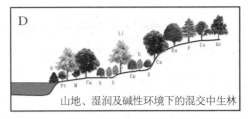

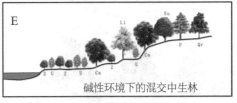

图 2-11 山旺中新世植被的演替

图 2-12 古玛珥湖盆地（山旺盆地）

Part 3

"万卷书"之"植物王国"

山旺盆地不只是个盆地，而是一个"聚宝盆"！"万卷书"中保存有既丰富而又精美的植物化石，如树叶的叶脉、花的花序以及植物的果实等，印痕清晰、保持原态，有的甚至保持了原来的色彩，堪称"植物王国"！

植物界的发展演化

植物界有低等植物和高等植物之分（图3-1）。低等植物包括菌类、藻类等，由单细胞或多细胞组成，结构简单，植物体无根、茎、叶的分化。高等植物包括苔藓植物、蕨类植物、裸子植物和被子植物，高等植物都是多细胞植物，有了根、茎、叶的分化。高等植物的产生是适应陆生环境的结果，绝大多数高等植物

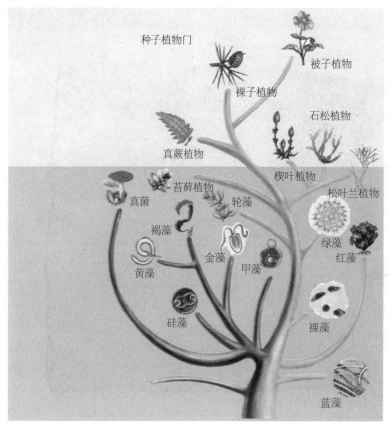

种子植物门

被子植物

裸子植物

石松植物

真蕨植物

楔叶植物

松叶兰植物

真菌　苔藓植物　轮藻

褐藻

绿藻

黄藻　　金藻　甲藻　　　红藻

硅藻

裸藻

蓝藻

◀ 图3-1　植物进化谱系树

都是陆生的。

植物界发展的第一个阶段——菌藻植物时代

地球形成初期，处于天文演化阶段，没有生物的存在，因此也就无化石可言。最早的单细胞生物是菌藻生物，它也是地球上最早的古植物。最早的藻类是出现在距今约35亿年前的蓝藻。在其后的20多亿年里，藻类植物得到繁盛发展，几乎占了地球上生物界全部历史的4/5。菌藻植物发展和繁盛的时期长达30亿年左右，说明植物界从低等发展到高等、从水生进化到陆生经历了漫长的岁月（图3-2）。

▲ 图3-2 现生藻类与菌类

植物发展的第二个阶段——裸蕨植物时代

在该阶段，发生了全球性的海退，陆地面积扩大，某些海生绿藻经历了长期的适应性改变后，终于登上了近海陆地。最早登陆的是裸蕨植物，为大地首次添上了绿装，但当时它们也只能生活在近海沼泽地带。这个阶段以原始陆生植物裸蕨的出现、发展为标志，并有原始的石松、真蕨和楔叶等蕨类植物。裸蕨植物登陆是植物界发展史上的重要阶段，裸蕨植物也自然成为当时陆生植物发展的标志（图3-3）。

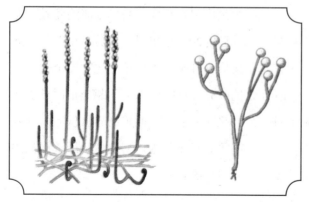

植物界发展的第三阶段——蕨类植物时代

在该阶段，陆地进一步扩大，真蕨植物也得到了发展，这个阶段是石松、楔叶和真蕨等蕨类植物与种子蕨、苛达等原始裸子植物的繁盛时期（图3-4）。这一时期，由于气候湿润，植物高度繁盛，巨大的蕨类植物和原始裸子植物，形成了大规模的森林，成为地球上规模最大的造煤时期。

植物发展的第四个阶段——裸子植物时代

在该阶段，全球陆地扩大到了顶峰，大片近海沼泽干涸、消失，海盆隆起成山，陆上干旱面积明显扩大，原盛极一时、喜湿的蕨类植物和原始裸子植物大量衰退死亡，而具有发达根系的裸子植物银杏、松柏和苏铁迅速发展起来。因此，这个阶段是以银杏、松柏（图3-5）和苏铁等裸子植物为主和中生代真蕨类植物的繁盛时期。随着全球气候变暖，裸子植物高度繁盛，成为中生代的重要造煤时期。

图3-5　银杏与松柏

植物发展的最后一个阶段——被子植物时代

这个阶段是被子植物的繁盛时期和裸子植物的大衰退时期。被子植物和裸子植物都属于种子植物，但被子植物的营养器官和生殖器官都比裸子植物更为完善，光合作用更强，更能适应陆生环境（图

3-6）。到晚白垩世后，被子植物很快兴起，取代了裸子植物，成为最占优势的陆生植物群。正是被子植物的花开花落，才把四季分明的现代地球装点得分外美丽。

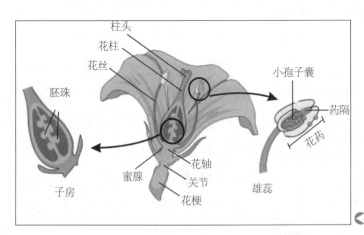

图3-6　被子植物成熟花朵

23

山旺 "植物王国"

山旺植物化石绝大部分是以叶片的形式保存下来，也有果实或种子的化石。在灰色、白色的硅藻土页岩层面上清晰地印着褐色的叶片，叶脉清晰、轮廓分明，圆基香椿含苞欲放，羌花形态俏丽，还有华吴茱萸、披针叶绣球、胡桃……如果不是亲眼所见，很难相信这些叶片在地层中竟然沉睡了千万年。大自然可谓是当仁不让的大画家。在已发现的山旺植物化石中，除藻类18属近100种外，还包括苔藓1种，蕨类1种，裸子植物4种，被子植物149种，合计155种，其中单子叶植物3种，分属50科104属（表3-1）。真菌化石分布很广，大多寄生在各种植物上，但目前对真菌化石研究的程度相对较低，尚未形成一套完整成熟的分类系统。

硅藻

这是藻类植物中属种最多、能进行光合作用的一类单细胞植物，它个体微小，因细胞壁高度硅化而得名，具有上、下两个壳体，似盆，壳上布满孔洞。山旺硅藻土中的硅藻化石，属种繁多，数量丰富，保存极其完好，在发现的18属近100种和变种化石中，现生种占85%，而15%为灭绝种或山旺古湖的特有种。山旺藻类化石群中的优势种是直链藻属的一些种，其次是羽纹藻等。在山旺古湖的深水处，有浮游直链藻，浅水处有数量可观的着生或附生的桥穹藻、异端藻等。

表3-1　　山旺植物化石群构成

分类单位　　　植物类型	科	属	种
被子植物		100	149
裸子植物		2	4
蕨类植物	1	1	1
苔藓植物	1	1	1
藻类植物		18	近100

山东桥弯藻

该藻类壳面呈宽披针形，背缘呈拱形，末端呈略尖的圆形（图3-7），长48~55 μm，宽17~20 μm。轴区呈线形，中央区几乎扩大。线条纹呈射出状排列，由密点组成。在10 μm中有22~24个点，有11~12条线纹。

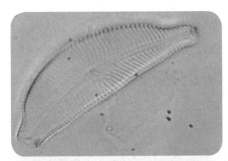

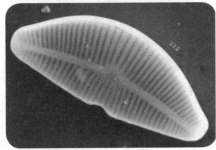

▲ 图3-7 山东桥弯藻化石

山东桅杆藻

该藻类壳面呈线形或线状椭圆形，末端呈钝圆形（图3-8）。长25~45 μm，宽9~10 μm。轴区呈不规则线形或发育不完全。线条纹较粗，呈平行密集排列，70 μm中有10~11条。

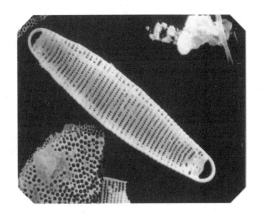

▲ 图3-8 山东桅杆藻化石

山旺舟形藻

壳面呈椭圆形，长38~44 μm，宽23~25 μm（图3-9）。轴区窄，呈线披针形，中央区扩大近圆形。脊缝呈较宽的线形。线条纹射出状排列，线条粗，由密集点组成。

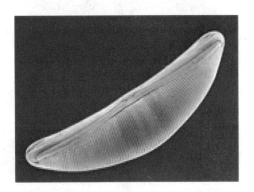

▲ 图3-9 山旺舟形藻化石

孢子花粉

整个植物界，根据繁殖器官的性质，可分为孢子植物和种子植物两大类。孢子植物以孢子进行繁殖，如菌藻植物、苔藓植物和蕨类植物；种子植物以种子进行繁殖，如裸子植物和被子植物。

孢子花粉简称孢粉，孢子是孢子植物的繁殖细胞，花粉是种子植物的雄性繁殖细胞。山旺硅藻土中有菌藻类、蕨类孢子化石，有松、云杉、贴油杉、冷杉、落叶松、油杉、柏、麻黄属等裸子植物花粉化石，还有被子植物花粉化石（图3-10），不但种属多，而且数量大，其优势种属有山毛榉科的栎属，榆科的榆属、朴属、榉属，胡桃科的山核桃属、胡桃属，金缕梅科的枫香

属及桦木科各属，还有腊瓣花属、山黄麻属、杨梅属、杜仲属、冬青属。这些花粉的母体植物的现代分布区，主要在暖温带及亚热带地区，山旺盆地出现的冷杉、云杉花粉系远山区较高地势的裸子植物的花粉经风搬运而来。

山旺平藓

它是苔藓植物门平藓科平藓属的一种（图3-11），该植物化石为山旺植物化石群中唯一的苔藓植物。从化石标本上可

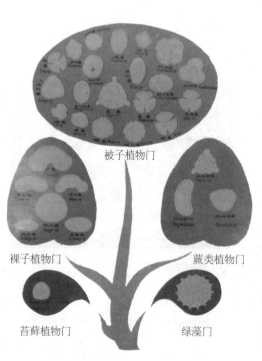

图3-10 孢粉化石

图3-11 产于山旺的山旺平藓化石

以看出，植物体匍匐状成片生长。主茎横展，支茎倾立，直径0.2~0.3 mm，呈不规则的叉形分支或羽状分支。叶扁平着生，从外观上看呈两列状，长舌形，长1~1.6 mm，宽0.4~0.5 mm，全缘，枝尖略垂倾，叶片密集而重叠，色泽稍深。

北海油杉

产于山旺的北海油杉（图3-12）为裸子植物门松科油杉属的一种，化石标本叶片呈条形，长3.1 cm，宽0.33 cm，基部圆形，微偏斜，顶端钝。中脉直行，到顶端变细。带翅的种子近圆形，长6~7 mm，宽5~7 mm，顶端具木质翅，呈长三角形，最宽在中下部，宽0.8~1.2 cm，长1.4~2.0 cm，翅的末端钝。从叶形及具齿的种子看，与现代种油杉（图3-13）和铁间杉相似，现代种油杉产于江苏南部、福建、广东、广西。

△ 图3-13 现代油杉

山旺甘姜

产于山旺的甘姜（图3-14）属于被子植物门樟科山胡椒属，叶形大，呈宽椭圆形或椭圆形披针形，长17.5~22 cm，宽6.5 cm左右，顶端渐尖，基部楔形，叶全缘。羽状弧曲脉，中脉粗壮；侧脉15对左右，互生，以50°~60°角自中脉生出，近叶缘处分支，弧曲相连；三次脉自侧脉生出和中脉生出，从中脉生出的三次脉呈直角，从侧脉生出的两侧夹角微不相等，形成矩形网脉，在边缘环结成脉环；细脉网状。现代甘姜形态如图3-15所示。

△ 图3-12 产于山旺的北海油杉化石

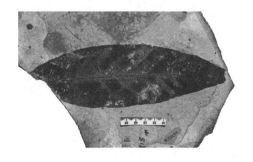

△ 图3-14 山旺甘姜化石

▲ 图3-15　现代甘姜形态

▲ 图3-16　产于山旺的华黄连木化石

华黄连木

　　产于山旺的华黄连木为被子植物门漆树科黄连木属的一种，该化石（图3-16）标本羽状复叶，小叶披针形至窄披针形，长4.2~8 cm，宽0.9~2.1 cm，顶端长渐尖，微弯曲，基部明显倾斜，或为不对称圆形，或为斜楔形，沿着小叶柄下延。全缘。叶柄长2~4 cm。中脉细，明显弯曲；侧脉羽状，9~15对，互生或近对生，以60°角从中脉生出，在中部以下角度较大，弧曲脉序，在近叶缘处不规则地向上弯曲，并分叉形成环；三次脉不明显，在近叶缘处构成小网眼。叶质坚硬。本化石种以叶明显不对称为特征，它与广布种黄连木相似（图3-17）。该种同现代漆树在叶形和叶脉特征上很难区别，但漆树的小叶无偏斜的楔形基部，无基部向叶柄下延现象。

▲ 图3-17　现代华黄连木叶片

山旺枣

　　山旺枣为被子植物门鼠李科枣属的一种，化石（图3-18）产于临朐山旺的山旺组地层中，标本叶呈椭圆形至卵状披针形，长3.9~6 cm，宽2.1~2.8 cm，顶端钝尖，基部圆形，两侧不对称。叶缘具细圆锯齿，叶柄粗壮，保存不全。掌状三出脉，中脉细长，近直伸，侧主脉与中脉夹角约30°，弧曲，向前伸至近叶顶处；从中脉伸出侧脉数对，细弱，短，折曲状伸展，自侧主脉伸出的侧脉弧曲状，近边缘环结，再分支进入齿；三次脉不清楚。叶质坚硬。此种与华铜钱树的叶不易区别，主要区别在于该种从中脉生出的侧脉细弱，不明显，而华铜钱树叶的侧脉明显。该化石与现代酸枣相似。

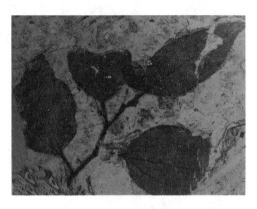

△ 图3-18　山旺枣化石（左）与现代酸枣叶片（右）

圆基香椿

产于山旺的这种香椿种属于被子植物门楝科香椿属，化石（图3-19）标本为奇数羽状复叶，小叶披针形，长6~9.7 cm，宽2.3~3.1 cm，基部偏圆形，明显不对称（顶端小叶圆形，对称），顶端渐尖，小

△ 图3-19　产于山旺的圆基香椿化石（左）和现代香椿（右）

叶柄粗壮，长1~2 mm。叶边全缘或呈微波状。中脉在三分之二以下较直，向上弯曲度明显；侧脉羽状，弧曲，近对生，12~16对，以55°~60°角从中脉生出，在叶缘附近弯曲，不环结；三次脉自二次脉垂直或斜向生出，成脉环。该种叶形特征很似我国南方、北方地区由人工栽培的现代香椿。

山东无患子

该无患子为被子植物无患子科无患子属的一种，化石（图3-20）标本为一偶数羽状复叶，小叶，呈卵椭圆形，长9 cm，宽4.6 cm，顶端尾状渐尖，具钝尖头，基部宽楔形，偏斜，叶全缘，小叶柄短，粗壮，长3 mm。中脉较粗，在叶片四分之三处微弯曲；侧脉羽状，多对，弧曲脉序，以45°角自中脉生出，在叶上部角度增大，环结，有细分支，有时可在近轴

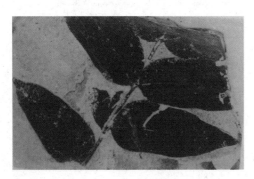

▲ 图3-20　产于山旺的山东无患子化石

处分叉，间脉明显，细；三次脉从侧脉不规则生出，组成较为规则的网眼，在叶缘处网眼小。叶质厚。该化石标本与产于云南、四川的川滇无患子（图3-21）相似。

▲ 图3-21　现代川滇无患子

华梧桐

华桐梧属于被子植物梧桐科梧桐属的一种，化石（图3-22）标本叶片呈阔圆形，长10.5~20 cm，宽16~32 cm。3~6浅裂或半裂，裂片卵状渐尖，基部宽心形，叶柄粗壮，直径2~4 mm，长9 cm。叶边全缘或呈微波状。掌状脉，中主脉粗壮，近直伸，侧主脉明显、较粗。叶质硬。果实成熟时开裂，呈长倒卵形。本化石发现较少，我国仅见于山旺地区。华梧桐的标本在山旺保存较多，多为叶，果瓣印痕保存较少。该化石种与现代种梧桐相似，在我国华南至河北广泛栽培。

△ 图3-22　产于山旺的华梧桐叶片化石（左）与现代梧桐叶片（右）

华山核桃

华山核桃属于被子植物胡桃科山核桃属的一种，标本为奇数羽状复叶（图3-23），小叶5~7个，大小不等，一般叶轴最小一对较小，其他向上渐次增大，小叶均无柄，一般长5~15 cm，宽2~4.6 cm，顶生小叶常呈倒卵状披针形，基部渐呈楔形，其他小叶多为卵状披针形，顶端长渐尖，基部微不对称，圆形或宽楔形，叶缘具明显锐锯齿。中脉微弯曲；侧脉15对以上，多在20对左右。叶质地坚硬。核果近球形（图3-24），顶端微突出，长2.7 cm，径约2.3 cm，

壳厚近2 mm。该化石叶子与现代产于浙江和安徽的山核桃（图3-25）很相似。

尾金鱼藻

尾金鱼藻属于被子植物金鱼藻科金鱼藻属的一种，该化石（图3-26）是山旺植物化石中保存极好的叶子印痕化石。化石中茎细长，保存长度超过40 cm。叶在节上轮生，1~2回二歧分叉，裂片丝状，长1~2 cm。尾金鱼藻的叶状茎与现在广泛分布于全世界的金鱼藻相似。尾金鱼藻为草本植物，结构脆弱，在化石中保存不多，能够保存得如此精美实属非常罕见和珍贵。

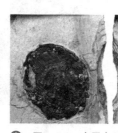

△ 图3-23　产于山旺的
华山核桃化石（叶片）

△ 图3-24　产于山旺的一对华山核桃化石
（果实）

△ 图3-25　现代山核桃

🔺 图3-26 产于山旺的尾金鱼藻化石（左）和现代金鱼藻（右）

华吴茱萸

华吴茱萸属于被子植物芸香科吴茱萸属的一种，化石（图3-27）标本保存精美，从外形看为羽状复叶，小叶，呈卵形至长椭圆状卵形，长5.4~10.1 cm，宽3~6 cm，顶端急渐尖，基部宽圆形或宽楔形。全缘或微波状，叶柄长1.1 m，顶生小叶的叶柄更长。中脉微弯曲。侧脉约6对。现代吴茱萸形态如图3-28所示。

🔺 图3-27 产于山旺的华吴茱萸化石

🔺 图3-28 现代吴茱萸

"万卷书"之 "动物乐园"

"万卷书"中保存有丰富而又精美的动物化石，蝙蝠的翼膜、蜘蛛的足毛、蜻蜓的羽翅……历历可辨、栩栩如生，极难形成化石的蝌蚪、青蛙和蜜蜂等也都保持了原态。这是一个"动物的乐园"！

动物界的发展演化

由简单到复杂、由水生到陆生、由低级到高级，是包括动物在内的整个生物界总的演化规律（图4-1）。单细胞动物是最简单的动物。从原生动物（如鞭毛虫）开始，细胞依次分化，形成具有两胚层组织的腔肠动物（如珊瑚）、三胚层的扁形动物（如涡虫），具真体腔的环节动物（如蚯蚓）和软体动物（如河蚌），直到身体和附肢都分节的节肢动物（如蝗虫）。从扁形动物到节肢动物，统称为原口动物。这是其中一个分支。

另一个分支是从棘皮动物（如海星）起，向着出现脊索的方向演化，先后经历了尾部具脊索的尾索动物（如海鞘）和全身贯穿脊索的头索动物（如文昌鱼），直到由脊柱代替了脊索的脊椎动物（图4-2）。从尾索动物到脊椎动物，统称为脊索动物。

脊椎动物又根据适应环境的生活生态功能和进化水平的高低分为鱼类、两栖类、爬行类、鸟类和哺乳动物类五大类。

鸟类
哺乳类
爬行类
鱼类
两栖类
原索动物
原口类
节肢动物
棘皮动物
软体动物
环节动物
腔肠动物
扁形动物
原生动物

图4-1　动物进化谱系树

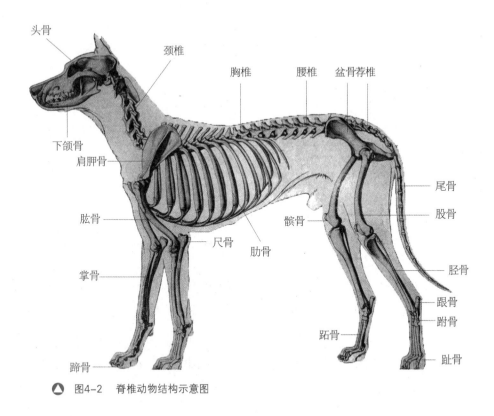

头骨　颈椎　胸椎　腰椎　盆骨荐椎
下颌骨　肩胛骨　肱骨　尺骨　肋骨
掌骨　蹄骨　髌骨　尾骨　股骨　胫骨　跟骨　跗骨　跖骨　趾骨

▲ 图4-2　脊椎动物结构示意图

山旺"动物乐园"

山旺动物乐园中最常见的动物主要有昆虫类、蜘蛛类、鱼类、两栖类、爬行类、鸟类和哺乳动物类。已发现的山旺化石中，昆虫类达12目84科221属400种，是山旺生物群分异度最高的纲一级生物类别；蜘蛛类共7科14属23种；鱼类共3科8属11种，其中鲤形目2科7属10种（鲤科6属9种，鳅科1属1种），鲈形目1属1种；两栖类共2目4属4种；爬行类共3目3属3种；鸟类共4属5种；哺乳类有奇蹄目、偶蹄目、食肉目、啮齿目和翼手目，共20属21种。

表4-1　　　　　　　　　　　　　山旺动物群化石构成

分类单位 动物类型	目	科	属	种
山旺动物化石群	22	94	274	467
哺乳动物	5		20	21
鸟类			4	5
爬行动物	3		3	3
两栖动物	2		4	4
鱼类		3	8	11
蜘蛛		7	14	23
昆虫	12	84	221	400

山旺的昆虫化石

山旺动物群中最丰富的无脊椎动物化石便是昆虫化石。山旺昆虫化石种类丰富，保存完整，有的个体甚至保留了绚丽的色彩。目前已研究的共计有12目84科221属400种（表4-2）。其中，膜翅目蚁类化石占有绝对的优势，鞘翅目步甲类化石也很丰富，如毛蚊、蜉象及姬蜂等化石。大型蜚蠊、微小蚜类化石在新生界页岩中应属珍品。

表4-2　　　　　　　　　　　　　山旺昆虫群的组成

目级名称	科	属	种	绝灭属	绝灭种	现生属	现生种
蜉蝣目 Ephemerida	1	1	2		2	1	
蜻蜓目 Odonata	4	7	9	4	6	5	1
蜚蠊目 Blattaria	2	2	4	1	4	1	
直翅目 Orthoptera	2	5	5	5	5		
等翅目 Isoptera	1	2	4		4	2	
革翅目 Dermaptera	1	4	7	2	6	2	1
同翅目 Homoptera	3	7	12	2	12	5	
异翅目 Heteroptera	12	27	39	4	28	24	2
鳞翅目 Lepidoptera	2	2	2	2	2		
鞘翅目 Coleoptera	29	84	143	39	138	46	5
膜翅目 Hymenoptera	20	70	129	26	120	44	9
双翅目 Diptera	7	10	44	2	43	5	2
总计：12目	84	221	400	86	380	135	20

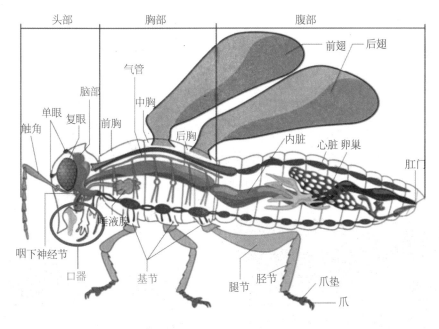

头部　　　　　胸部　　　　　　腹部

前翅　后翅

气管

脑部

中胸

单眼　复眼

触角　　　前胸

后胸

内脏　心脏　卵巢

肛门

唾液腺

咽下神经节

口器　　　基节

腿节　胫节

爪垫

爪

🔺 图4-3　昆虫外部形态模式图（雌）

看过山旺昆虫化石标本的人都会惊叹于它的完美，被它那展翅欲飞的动态美征服，因为昆虫的体壁很薄，它们的身体大多十分柔软（图4-3），容易腐烂，不像那些具有坚硬外壳的海生动物那样容易保存成化石。山旺古生物化石能够保存得如此精美完好，在于它们大都是以原地埋藏的方式被保存起来。

——地学知识窗——

原地埋藏和异地埋藏

生物死后，其遗体保存于原来产地或移动范围不超越该群落的生态域，即不超过该群落所适应的自然环境范围，称为原地埋藏。山旺昆虫在近湖面的上空飞行或停落在湖中的植物上，死亡之后落入湖中，被原地埋藏而最终形成化石。通过赋存化石地层的沉积环境分析，可追溯生物生存的生态环境。生物死后经过搬运保存后再堆积埋藏最终形成化石的，称为异地埋藏。此类埋藏方式的生物体较破碎或被磨蚀，化石沉积环境与生物的原生态环境并非一致。

室长足蜓

该标本为蜻蜓目、伪蜓科、长足蜓属（图4-4）。前翅狭长，翅顶尖锐，右翅节前横脉为20条，最后一条上、下不连接；左翅19条，上、下全部连接。中、后胸分界不清，黑褐色，腹基部较细，中部未保存，腹末膨胀，略呈三角

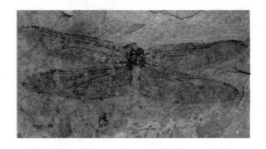

图4-4　产自山旺的室长足蜓化石

形。

扁肿毛蚊

该种是山旺毛蚊类中的优势种，数量多。山旺地区扁肿毛蚊化石标本共有12块，颜色自黑至黑褐色，特征较稳定，易

图4-5　产自山旺的扁肿毛蚊化石

与其他种类区别(图4-5)。

山旺的蜘蛛化石

山旺蜘蛛群总体面貌特征与我国现代区系十分接近，有空间结网的、地下穴居的和游猎地面的，分为草丛、花木捕食两大类，只有个别类群生活于水边或水中（图4-6）。蜘蛛类不易保存为化石，多见于琥珀中。山旺保存在硅藻土中的蜘蛛

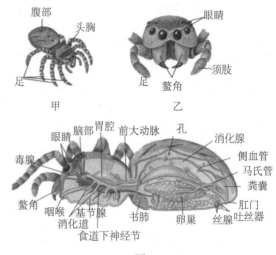

图4-6　蜘蛛外部形态模式图（雌）

类化石也是十分罕见的。

地生狼蛛

该化石产自山东临朐山旺，标本是一种黑色蜘蛛，保存为一块雌蛛背面（图4-7）。标本呈黑褐色，体长6.7 mm，体宽2.5 mm。背甲近长卵形，前端约为

头的部位近横方形，前缘较宽，长为宽的1.6倍。后眼略呈三角形，位于头的前方。触肢较长，略粗。与我国南、北方广布的现生狼蛛属的种类最为接近。

🔺 图4-7 产自山旺的地生狼蛛化石（上）和现生狼蛛（下）

褐异蛛

此化石产自山东临朐山旺，标本是一种褐色、体形较大的蜘蛛。该标本保存为一块雄蛛背面（图4-8）。背甲褐色，步足和腹部黄褐色，体长13.1 mm，宽5.7 mm。该标本背甲略呈钝方形，长、宽近相等，头的前缘较平直，中部具一条深褐色的纵带，近中部变宽，见褐色至深褐色毛丛。侧缘略弧状弯曲，后缘较平直。两列眼可见，深褐色。步足较粗且长。

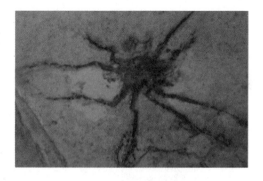

🔺 图4-8 产自山旺的褐异蛛化石

山旺的鱼化石

山旺古玛珥湖盆地内含有丰富的鱼化石，且具有显著的区域性特征，是我国特有的鱼群组合（表4-3）。目前，山旺鱼化石报道的共3科8属11种。其中，鲤形目2科7属10种（鲤科6属9种，鳅科1属1种），鲈形目1属1种，大部分的种属已经绝灭。

鲤形目是硬骨鱼中生活于淡水的最大的目，现生有6科256属2 422种。鲈形目是硬骨鱼类中最大的目，现生包括22个亚目150科1 300属7 800种。

鲤科是鲤形目中种类最多的一科，共194属2 070种。我国有156属580余种，适应性极强，以水中植物和螺、蚌、昆虫幼虫为食。鳅科是鲤形目中种类仅次于鲤科的一个科，现生24属约150种。多生活于水流缓慢的水域，以小型底栖动物为食。山旺仅一种长胸鳍花鳅。

表4-3　　　　　　　　　　　　山旺鱼类化石组合

目	科	属	种
鲤形目	鲤科	鲁鲤	临朐鲁鲤
			司氏鲁鲤
		扁鲤	奇异鲁鲤
		齐鲤	山旺齐鲤
		颌须鮈	大头颌须鮈
			山旺颌须鮈
		似雅罗鱼	中新似雅罗鱼
			优美似雅罗鱼
		弥河鱼	山东弥河鱼
	鳅科	花鳅	长胸鳍花鳅
鲈形目		少林鳜	山东少林鳜

山旺齐鲤

该化石标本为一条完整的鱼（图4-9、图4-10）。背鳍前缘和尾鳍后部缺损。背鳍距吻端显著大于距尾鳍基，腹鳍距胸鳍小于距臀鳍。尾柄长大于尾柄高。体长约为体高的3倍、为头长的2.4~2.8倍、为头高的3~3.5倍，尾柄长的5.8~6.3倍，体高为尾柄高的2.4~2.7倍、为尾柄长的2倍，侧线鳞约27个，在鱼体中央穿过。尾鳍深分叉，咽齿有次臼形齿s和侧扁形齿。

▲ 图4-9　产自山旺的山旺齐鲤化石

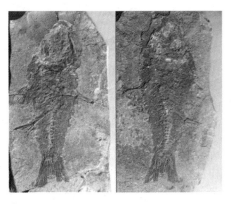

△ 图4-10 产自山旺的一对山旺齐鲤化石

临朐鲁鲤

鱼体呈纺锤形，侧扁，背腹缘浑圆，体高大于头高，头长小于头高，口端位，吻钝，侧缘鳞约28个。尾鳍分叉，尾柄高为尾柄长的1.4倍。

标本化石（图4-11）全长80～104 mm，最大223.5 mm。体长为体高的1.9倍，为头长的2.3～2.9倍，为头高的2.2～2.6倍。头部中等大小。

△ 图4-11 产自山旺的临朐鲁鲤化石

口端位，口裂小，十分倾斜，吻钝。

大头颌须鮈

该标本为一条完整的鱼，全长47～62 mm，鱼体窄长（图4-12）。鱼体呈纺锤形，侧扁，头长大于头高。体长37.3 mm，体高9 mm，体长为体高的4.1倍，为头长的3.1倍，为头高的3.4倍，约为尾柄长的5倍，为尾柄高的7.6倍。

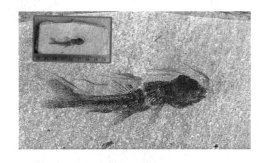

△ 图4-12 产自山旺的大头颌须鮈化石

山旺的两栖动物化石

山旺发现的两栖类动物化石以完整、丰富著称。近些年来在山旺地区发现了大量完整的两栖类化石，包括有尾目的蝾螈和无尾目的蟾蜍科、锄足蟾科、雨蛙科、蛙科、姬蛙科和树蛙科等十几个属种的代表，无尾类中除成蛙之外，还有大量蝌蚪和正处在变态（图4-13）过程中的变态蛙化石。

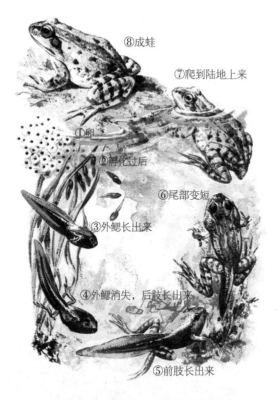

⑧成蛙

⑦爬到陆地上来

①卵

②孵化过后

⑥尾部变短

③外鳃长出来

④外鳃消失，后肢长出来

⑤前肢长出来

◀ 图4-13　蛙的生活史（变态过程）

——地学知识窗——

最早的两栖动物化石——鱼石螈

　　鱼石螈（图4-14）是科学家发现的至今为
止最早的两栖动物，发现于格陵兰岛泥盆纪末
期（距今约3.6亿年前）。鱼石螈身长约1 m，
兼有鱼类和两栖类的特征。鱼石螈没有胸腹
鳍，已经长有四肢，前肢的肩带已经与头骨
失去连接，头已经可以左右摆动。但鱼石螈的
"鱼性"未脱，它们的牙齿、头骨带鳍条的尾
巴以及尾巴上残留的鳞片等，都还与古代的总
鳍鱼相似。因此，鱼石螈化石的发现充分证明
了两栖类是由古代的总鳍鱼进化而来的。

▲ 图4-14　鱼石螈

玄武蛙

该化石标本保存非常完好，不但骨骼很好地保存下来，而且皮肤轮廓也清晰可见，从形态上看与常见青蛙几乎没什么两样（图4-15）。头骨通常呈三角形，前后长（11.2 mm）明显大于头后部最大宽（9.5 mm），小牙齿能很好地辨认。玄武蛙个体比亚洲蛙小，但肢骨较粗大，腰带宽大，头骨较尖，长大于宽。此蛙化石附近还发现了很多蝌蚪化石（图4-16）。

图4-15 产自山旺的玄武蛙化石

图4-16 产自山旺的蝌蚪化石（左）和变态中蛙化石（右）

临朐蟾蜍

蟾蜍俗称癞蛤蟆，陆栖，现生25属240种，最早的化石来自古新世。山旺保存有临朐蟾蜍化石（图4-17）。该化石标本的主要特征是个体大，头宽显著大于头长，吻宽圆。上颌无齿。

图4-17 产自山旺的临朐蟾蜍化石

山旺的爬行动物化石

爬行动物是一种进化速度十分缓慢的动物。这类动物也是一类冷血动物，它的体温随外界温度的变化而变化。爬行动物的羊膜卵可以摆脱对水的依赖。最早的爬行类出现于距今约3亿年前的石炭纪，中生代（距今约2亿4 000万年到7 000万年前）最为繁盛，几乎"统治"整个世界。当时，地上生活着各种各样的恐龙，海里有鱼龙和蛇颈龙，空中还有飞龙等，所以中生代又被称为"恐龙时代"。可是，到了距今6 500万年的白垩纪末，大部分爬行类相继绝灭，能存留于世的只有鳄类、龟鳖类和有鳞类（蛇和蜥蜴）以及残存在新西兰的喙头类。

山旺的爬行动物化石包括有鳞目、鳄目、龟鳖目各1属1种，但龟鳖类化石尚未进行研究。

有鳞目

有鳞目包括蛇和蜥蜴两个亚目。蛇亚目现生3总科14科420属2 500多种，我国有200余种。游蛇科现生291属1 550种，占有现生蛇类种数的2/3，多为无毒蛇。山旺地区保存有硅藻中新蛇化石（图4-18）。

该化石标本主要特征为身体中等大小，体长0.5~1 m。牙齿很小，分布紧密。上颌齿15个左右，牙齿向后稍增大，但最后两齿无特殊增大现象，与前面牙齿之间也无齿隙。颌骨齿11个左右，翼骨齿根细小，沿内侧边缘分布，翼骨呈扁的三角形。

鳄目

鳄目现生3科8属23种。其中，钝吻鳄科下颌齿在口闭合时不外露。山旺保存有鲁钝吻鳄化石（图4-19），是一个未成年个体。标本为一个近完整的头骨、破碎的下颌及部分后骨骼。头骨扁平，仅长105 mm，吻端浑圆，头骨顶面为舌状，吻部短而宽，吻长50 mm，只占整个头长的47.6%，吻颈部宽55 mm，为吻长的1.1倍，这种情况在钝吻鳄幼年个体中也极为罕见。

图4-18 产自山旺的硅藻中新蛇化石

图4-19 产自山旺的鲁钝吻鳄化石（头骨）

鲁钝吻鳄是山旺盆地发现的唯一一件鳄类化石标本。山旺群的化石组合非常丰富，但爬行动物化石却相对较少，仅有蛇、龟、鳖类化石的零星发现材料见诸报道，鳄类化石的发现不仅丰富了山旺动物群，而且为研究鳄类在亚洲的早期历史提供了新的资料。

龟鳖目

它是爬行动物中特殊的一员，体圆而扁，包在背甲与腹甲之间，颈、尾和四肢也可缩进甲内。龟类背甲及腹甲分两层，外层由角质板组成，内层由骨质板组成，板间有骨缝。鳖类只有骨质板而无角质板。龟鳖类是真正的陆生脊椎动物，但绝大部分时间生活在水中。山旺发现的龟鳖化石如图4-20所示。

▲ 图4-20 产自山旺的龟鳖化石

——地学知识窗——

龟鳖类化石的保存

龟鳖是一类"老牌"的爬行动物，它们起源于2亿5千万年前二叠纪的正南龟，自起源以后一直不很繁盛，但每次地球上的生物大绝灭它都可以逃脱劫难，苟延残喘，活至今日，可称是爬行类中的"寿星"了。现在有句俗语叫"千年的王八，万年的龟"，它们之所以长寿，主要得益于它们身上那块"盔甲"。那俗称"王八盖"的东西学名叫"甲壳"，由骨质组成，坚硬无比，它是龟鳖软体的有效防身武器，一旦遇到危险，只要把头往回一缩便万事大吉，再厉害的敌人也无法伤害它。这些坚硬的甲壳很容易保存成化石，成为我们认识古代龟鳖的难得材料。

山旺的鸟化石

古老的山旺山清水秀、林木繁茂，堪称植物王国，在这花香四溢的乐园里怎么会少了动听的鸟语声呢？直到1979年，与世隔绝1 800万年的鸟类终于露出了它的真容，解开了"山旺古老森林中有什么鸟"这一谜团（图4-21）。

45

长而灵活的脖颈

角质化的喙

结实的躯干

进化为翅膀
的前肢

强健的后肢

控制飞行方
向的尾羽

肢爪

甲

肱二头肌

食道

肱三头肌
腹部外斜肌

嗉囊

缝匠肌

股直肌

胸大肌

臀肌

胫骨前肌

跟腱

趾伸肌

乙

图4-21　鸟类示意图

山旺细腻的硅藻土页岩对完整保存鸟化石提供了有利的条件。山旺也是我国目前所知出产完整鸟化石种类最丰富的地方。到目前为止，山旺发现的鸟类化石都为鸟翼亚纲，分属鸡形目、雁形目和鹤形目，此外还发现有羽毛化石（图4-22）。

图4-22　产自山旺的鸟类羽毛化石

鸡形目

包括各种鸡、雉和孔雀。现生7科50余属276种，我国有2科29属约60种。雉科是鸡形目中重要的一科，我国有19属50余种，在山旺地区有两种，分别为硕大临胸鸟和山旺山东鸟。

山旺山东鸟　山旺山东鸟是我国首次发现的中新世鸟类，也是我国第一次发现的完整的鸟化石（图4-23）。该鸟化石有点像现生的家鸽。头、颈、躯干、四肢都保存较好。头侧视，颈弯曲，两翅左右展开，两脚伸直，其姿态优美，栩栩如生。整个骨架的大小和家鸽差不多，保存姿势的最大高为210 mm。头侧扁压，躯干基本背腹压，头大的部分原因可能为挤压所致。嘴峰短粗有力，不成钩状。该标本应是原地埋藏，至少未经过远距离搬运。但死亡时可能有过少许挣扎，使标本呈两翅左右展开、两腿伸直的保存姿势。

图4-23　山旺山东鸟化石

硕大临朐鸟　因其个体特别大，与孔雀大小相近，且骨骼粗壮，腿骨较长，产自山东临朐，被命名为"硕大临朐鸟"（图4-24）。该标本化石保存不全，某些主要特征不见，增加了鉴定中的困难。从临朐鸟的后肢来看，该鸟主要生活在近水阔叶林灌木丛附近的开阔草原地区，喜欢在地上觅食。化石标本所显示的两腿合

——地学知识窗——

"中国第一鸟"——山旺山东鸟的故事

据载，山旺山东鸟化石是20世纪70年代由山旺硅藻土矿一位姓郭的工人在采矿过程中发现的。郭姓工人发现化石后，便用轻柔的东西把它仔细包裹起来，埋藏在了屋子后面背阴的地下。就这样，既避免了碰损，也免受阳光照射等。几个月后，省博物馆来人时，才又重新从地下挖出，此时标本依然完好如初。省博物馆的同志看完了标本后，清楚知道这件化石的重要性，立即对化石进行加固并请木匠特制了标本箱，小心翼翼地包裹好，由省博物馆的薄其明和孟振亚乘飞机送请中国科学院古脊椎动物与古人类研究所有关专家进行研究。

山旺山东鸟化石的发现，揭开了山旺"万卷书"中鸟类化石的第一页，随后又有硕大临朐鸟、硅藻中华河鸭和秀丽杨氏鸟等化石的发现，更重要的是开拓了我国化石鸟类研究的新局面。所以说，山旺山东鸟当之无愧为"中国第一鸟"。

在山旺山东鸟化石的发现及研究过程中发生了唐山大地震，许多学者考虑用地震有关的词汇来命名此鸟，以资纪念，但最后没有被采纳。有研究者认为该鸟化石为一新属、种，便取名为"泰山山东鸟"，认为既能表明化石产地，又暗示了该鸟为"第一化石鸟"，犹如五岳之首。但部分学者认为"泰山"二字不妥。经过讨论，最后还是采纳了地方同志的思路和想法，取名为"山旺山东鸟"，并在1977年10月正式发表的论文《中新世鸟类在我国的首次发现》中提出了此名。

图4-24　产自山旺的硕大临朐鸟化石

并、直蹬的姿势，应是临死前奋力挣扎的见证。死亡后，又被冲入水中埋藏，经过了搬运，所以骨骼保存不全，较凌乱。

雁形目

这是中至大型的游禽类，嘴多扁平，趾间有蹼，现有约50属150种，包括雁、鸭等，我国有19属48种。鸭科是雁形目中属种最多的一科，现生34属100余种，包括各种鸭和鸳鸯等。在山旺地区发现有硅藻中华河鸭化石。

硅藻中华河鸭化石是鸭科化石中保存最完整、时代最早的化石代表（图4-25）。其整个骨架大小与现生野鸭近似。保存姿势的最大长度为430 mm，骨

架中以颈部和四肢保存最为清晰，各骨可以一一辨认。其他部分虽也有保存，但经挤压后，有的骨骼已错位，有的则位于腹面未见。

据考证，绿头鸭是现生鸭的祖先，而中华河鸭的特征与河鸭属最为接近。看来，中华河鸭应与家鸭的远祖有一定的亲缘关系。

图4-25　产自山旺的硅藻中华河鸭化石（左）与现生绿头鸭（右）

鹤形目

鹤形目是大型涉禽类，嘴、颈、腿均长，生活于浅水沼泽及耕地上，涉水捕食，不会游泳。现生12科约189种，我国有32种。其中，秧鸡科我国现生有9属17种，现生的普通秧鸡生活于沼泽或湖滨地区，身体灵巧，生性羞怯。山旺地区发现有秀丽杨氏鸟（图4-26）和齐鲁杨氏鸟。

秀丽杨氏鸟标本是秧鸡科乃至鹤形目

保存最完整、最早的化石代表。标本为一具包括头、颈、躯干和四肢的完整的鸟化石骨架。它的肌胃中依然保存有胃石，更为鸟类化石中所少见。秀丽杨氏鸟是一种个体较小的涉禽，生活习性与现生的小田鸡近似。因其体形瘦长匀称，故定名为"秀丽杨氏鸟"。

图4-26　产自山旺的秀丽杨氏鸟化石（左）和现生普通秧鸡（右）

——地学知识窗——

始祖鸟

　　始祖鸟生活在距今1亿5 500万年到1亿5 000万年前的晚侏罗世恐龙早期时代，被认为是世界最原始的鸟类祖先。其化石于1862年首次发现于德国巴伐利亚州索伦霍芬侏罗纪地层中，当时达尔文刚发表《物种起源》不过两年，始祖鸟的发现使得当时关于生物演化之说的讨论更加激烈。经过长达几个世纪的挖掘，世界范围内目前仍只有十余具始祖鸟化石，均在德国南部发现，而且多有残缺。

　　2013年中国（长沙）国际矿物宝石博览会上展出了一件"鸟祖宗化石"——始祖鸟化石，它是由一位名叫波尔的化石收藏家收藏的，是全球仅存的两件完整的始祖鸟化石之一。2008年波尔收藏的始祖鸟化石曾受邀参加北京奥运会开幕式，但后来因故未能成行，让我们错过了一次目睹其真容的好机会，幸好2013年得以来华展出。

齿喙
（爬行动物特点）

带有廓羽的翼面
（鸟类特点）

长着多节尾椎骨的长尾（爬行动物特点）

图4-27　始祖鸟化石（德国化石收藏家波尔供图，左）和始祖鸟复原图（右）

从杨氏鸟骨架保存的完整性推测，该鸟可能是在涉水时遇难死亡就地埋藏的，或者在水域附近死亡后，不久即被冲入湖中埋藏，没有经过长途搬运。

山旺的哺乳动物化石

山旺的哺乳动物化石目前共发现有5目20属21种，分别属于啮齿目、翼手目、奇蹄目、偶蹄目和肉食目等5目。

啮齿目

啮齿目是哺乳动物中种类最多的一个目。体小，头骨长而低。有一对凿形门齿，无齿根，终生生长。现生30余科350余属1 600余种，我国有12科60余属150余种。现生的松鼠、旱獭、各鼠类均属此目。山旺的啮齿类化石是新中国成立后才开始发现和研究的，特别是最近几年有较多精美的化石被发现。如山东硅藻鼠和山旺半圆齿鼠。

山东硅藻鼠是中国科学院古脊椎动物与古人类研究所的李传夔先生首次发现并命名的。1974年，李传夔先生收集到产自山东省临朐县解家河早中新世晚期山旺组硅藻土层中两件很漂亮的标本。因标本产自硅藻土层中，李传夔先生将其命名为山东硅藻鼠，以纪念化石的产地和说明岩性。

——地学知识窗——

哺乳动物时代

哺乳动物是脊椎动物中最高等的一类。自6 500万年前恐龙灭绝，爬行动物时代结束后，地史进入了新生代，也就是哺乳动物时代。哺乳动物比爬行动物更为进步，更能适应环境的变化。它们明显区别于爬行动物的特征包括：体表具毛以保持其体温恒定，是温血动物，大脑和神经发达。哺乳动物起源于爬行动物的兽孔类，最原始的哺乳动物生活于距今2亿多年前的三叠纪晚期。如出现在早三叠世南非的犬颌兽（图4-28），它的大小和形状像狗，特征已接近哺乳类，故兽孔类又称似哺乳爬行类。尽管哺乳动物出现较早，但在中生代恐龙称霸的时期进化缓慢，恐龙灭绝使地球上留下了广袤的生态空间，哺乳动物才得以空前大发展，成为地球新的主宰者。

▲图4-28 犬颌兽

山东硅藻鼠是一具近于完整并带有毛须痕迹、侧向受压的骨架印模（图4-29）。在标本埋藏时，头后的躯干部分由于受到下侧的挫挤，把软体部分压到上方，造成脊柱以上过宽的软体印痕。整个骨架由于挤压已模糊不清，仅保留了一个侧面的痕迹。标本上保留下的软体印痕呈黑色，毛须为深棕色。吻部保存了10条长短不一的胡须。背侧的毛保存较好，多为粗的刚毛，绒毛不是很清楚。

2005年在山东硅藻鼠标本的原产地——山旺，又发现了一件保存更好的山东硅藻鼠的化石标本（图4-30）。尽管

该标本也受压变扁，但变扁的程度较轻，它的颅骨、下颌骨、牙齿和头后骨骼部分都保存得较完好，其形态特征清晰可见，比早前发现的硅藻鼠类标本显然要好得多。

2005年，国际野生生物保护协会首次在老挝发现了一种生活在当地岩洞中的啮齿动物，它看起来既有松鼠的特点又类似于岩鼠。这一发现引起了生物学界的讨论，当时科学家认为，这一啮齿动物应该划分为一个单独的科——"老挝谜鼠"（图4-31）。但有人将"老挝谜鼠"的骨骼与山东硅藻鼠化石进行对比，发现了许多的共同点。他们从两者的牙齿、齿槽、下颚、脊椎、头部和体形的诸多相同点出发，断言"老挝谜鼠"实际上应是山东硅藻鼠的孑遗，应把"老挝谜鼠"这个分类等同于"硅藻鼠"。这便有了山东硅藻鼠的"复活事件"。

▲ 图4-29 产自山旺的山东硅藻鼠化石（一）

▲ 图4-30 产自山旺的山东硅藻鼠化石（二）

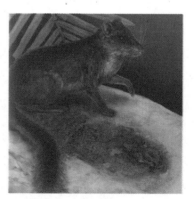

▲ 图4-31 老挝谜鼠

51

事实上，"复活事件"并不是生物真正的复活，只是表示这一类生物一直生活在地球上，但数量较少，分布的范围有限，暂时还未被科学家们发现而已。生物的演化具有不可逆性，一个类群灭绝后，不可能重新出现。谜鼠就是这样一个很好的例子，它早就生活在老挝，并一直为人所熟知，只是最近才被科学家发现、给予它一个学名并公布于众而已。

——地学知识窗——

珍贵的鼠类化石

在众多古生物化石中，鼠类化石是十分珍贵的。由于在进化史上鼠类的牙根逐渐退缩和齿冠结构变化明显，鼠类化石已成为世界性地层对比的重要化石。提起老鼠，可谓是家喻户晓，且人类对它们的厌恶之情难于言表。鼠属于哺乳纲啮齿目，大都身体很小，适应力强，有一对大而呈凿形的门齿，这对门齿没有齿根，终生不断生长以补偿经常啮动在前端的磨损，因此，它现生的后代们便四处磨牙，人类的家具、门窗常常成为它们磨牙的对象。老鼠既不吃木头，也不是有意作恶，磨牙是它正常的生理需要。有人曾做过实验，把一只老鼠养在瓷缸内，叫它什么也咬不着，喂它软食，日子长了，老鼠的门牙就会撑起鼠嘴，最终老鼠被活活饿死。

翼手目

翼手目是哺乳动物中仅次于啮齿目动物的第二大类群，现生种共有19科185属962种，除极地和大洋中的一些岛屿外，分布遍于全世界。翼手目的动物在四肢和尾之间覆盖着薄而坚韧的皮质膜，可以像鸟一样鼓翼飞行，这一点是其他任何哺乳动物所不具备的，是哺乳动物中唯一能够真正飞翔的，所以有"翼手"之称。蝙蝠是对翼手目动物的总称，特点是前肢具有翼膜。它们的个体通常都很小，因此常常和食虫目等一起被笼统地称为"小哺乳动物"。山旺地区典型化石代表为意外山旺蝙蝠化石。

意外山旺蝙蝠化石属硅藻土印痕化石（图4-32）。化石标本长度约100 mm，右翼连同翼膜均保存完好，肱骨、尺骨、桡骨以及五个伸长的指骨历历可数，左翼、头后部和肱骨以上部分保存较差。体形较大，头较小，尾椎有9~10节，前肢特大，有爪。此类化石在山东属首次发现，也是中国最早的蝙蝠化石。

意外山旺蝙蝠化石是由杨钟健教授于1977年命名的。当时，山东博物馆在山旺获得了一块保存完好的蝙蝠化石，轮廓清楚，翼膜也保存了下来，经杨钟健教授鉴定，确属蝙蝠无疑。由于当时只发现了这一块化石，再无其他，杨老认为这只蝙蝠并不是生活在这里的，而是迷了路，意外飞到了这个地方，于是给这块化石起名"意外山旺蝙蝠"。

然而，在山旺化石产地以西2 km的上林地区有大面积的灰岩存在，因为只有灰岩容易溶蚀为溶洞供蝙蝠（图4-33）栖身，其他岩性不易形成洞穴，意外蝙蝠可能就来自周围的灰岩地区，而且近年来山旺仍有蝙蝠化石问世。由此看来，"意外蝙蝠"不意外！

奇蹄目

大型动物，后肢数为奇数，并以中央一蹄（第三趾）为轴心，世界范围内包括现生的类共3科7属17种和已经绝灭

图4-32　意外山旺蝙蝠化石

图4-33　蝙蝠

的爪兽、雷兽类及山旺化石马、貘和犀等。

山旺发现的化石中主要是貘和犀两大类。山旺发现的矢木氏近貘化石是目前亚洲新近纪地层中保存最好的貘化石（图4-34），为我们研究貘类早期进化提供了重要的科学依据。

图4-34　产自山旺的矢木氏近貘化石

矢木氏近貘　鼻骨已大大缩短，已具有和现生貘同样的活动软鼻，以柔软的树叶为主要食物，是典型的亚热带动物。大小与现生的南美貘相近。面部高，门齿排列紧密，不特别加大，下犬齿完全退失，鼻骨短，而位置特别靠后。

现代貘（图4-35）仅生活在东南亚和中南美洲，个体比现代猪稍大些。它是一种大型食草动物，有一个有点像拉长的猪鼻子的长鼻子，但是它的下巴却很短。貘是一种具有较强攻击性的动物，它们和大型偶蹄类动物是近亲，如马和犀牛等。

图4-35　现代貘

犀类是哺乳动物奇蹄目中的另一类，所有的犀类基本上都是腿短、体粗壮，在第三纪时已经在全球广泛地分布。

山旺近无角犀　个体中等大小，与现生犀牛差不多，但头上无角，头骨窄长，四肢较为纤细，前足四趾。以植物枝叶为食，是典型的亚热带动物。它是山旺动物群中个体最大的一类动物。在山旺古生物化石陈列馆展出了一件世界罕见的长2.7 m、高1.7 m且怀有身孕的无角犀牛化石（图4-36）。这是一种中等大小的近无角犀，头骨窄长，下门齿扁平，肢骨细长，下前臼齿外壁具有细弱的珐琅质纹络。

这件怀胎待产的犀牛化石是1978年发掘出土的，它是世界上第一件完整而又怀孕的犀牛化石，生活在距今约1 800万年。雌犀腹中的胎儿近1 m长，仰卧在母兽腹中，头部已接近骨盆，而且牙齿已经非常清晰，为举世罕见的化石精品。

的40多年中，不同的研究者先后为山旺鹿化石确定了7个属种，后来又把它们归并为3个属，即柄杯鹿、原古鹿和皇冠鹿。在山旺发现的众多鹿化石中，柄杯鹿化石（图4-38）的数量最多。

▲ 图4-36 产自山旺的近无角犀化石

▲ 图4-37 产自山旺的山东原河猪化石

偶蹄目

前、后肢都均具偶数蹄，并以一对中蹄为轴，一般第三和第四趾为着力点。包括猪、骆驼、鹿、牛、羊、羚羊及一些已经绝灭的种类。现生10科75属185种，我国有6科26属40余种。山旺发现的偶蹄类只有猪和鹿两大类。

山东原河猪　它是一种个体较小的猪，头短小，颧弓向两侧伸展，雄性有细长的下獠牙，但不向外斜伸，牙齿结构简单原始（图4-37）。

鹿化石是山旺哺乳动物群中发现数量最多、保存最好的化石，到目前为止发现的保存较完整的骨架就有60余个。在过去

▲ 图4-38 产自山旺的柯氏柄杯鹿骨架化石

杯柄鹿　现已绝灭。雄性有角（图4-39），末端分岔，但这种角是不脱落的，而且可能是终生由皮肤覆盖的，雄性有大的上犬齿。雌性既无角，也无大的犬

齿。雌、雄前后肢都保留有较发育的侧趾，这些都表明它是一类构造原始的鹿类。这种鹿的角似高脚杯的形状，没有明显的眉枝和主枝之分，故起名叫杯柄鹿（图4-40）。

▲ 图4-39　柯氏柄杯鹿角化石

▲ 图4-40　柯氏柄杯鹿化石群

三角原古鹿　因雄性头上长着三个角而得名（图4-41、图4-42）。三角原古鹿仅雄性有角，在眼眶上方有一对短粗侧扁的"皮骨角"，角的前缘向后倾斜，顶端稍有膨大，表面粗糙；枕部顶端向后上方延伸，末端膨大，形成"锤形"角状突起。

▲ 图4-41　产自山旺的三角原古鹿化石骨架

▲ 图4-42　三角原古鹿头骨复原图

肉食目

肉食目，顾名思义，是以"食肉"为其特征的一类哺乳动物。它们的身材灵巧，牙齿和四肢明显表现出适应吃肉和捕捉其他动物的特征，如犬齿发达，门齿齐全，还有一对上、下臼齿特化形成的适合切割的"裂齿"，一般在趾尖有尖锐的爪，如猫、狗等。迄今为止，在山旺发现的肉食目动物几乎全都属于熊科。山旺地区的主要代表是孔子犬熊、东方祖熊和杨氏半熊。

孔子犬熊 这是一类较大型的肉食动物，体态如熊，有长尾，行动敏捷，有似犬科动物的粗壮颊齿，可以切割兽肉，也可以咬碎骨头，是当时最大也可能是最凶猛的野兽（图4-43）。

杨氏半熊 杨氏半熊是一种早—中新世的代表性熊科动物，体形中等偏小，为绝灭种类。该化石标本（图4-44、图4-45）产于山东临朐山旺硅藻土矿页岩中。半熊和犬熊的上牙有明显的区别。

东方祖熊 在临朐化石陈列馆的展厅里陈列着一具完整小巧的骨架，它的腰部能弯成较大的弧度，而四肢细弱、灵巧，

▲ 图4-43 孔子犬熊复原图

▲ 图4-44 产自山旺的杨氏半熊头骨化石

a.不完整左上颌（顶面观） b.不完整右下颌（顶面观） c.不完整右下颌（唇侧观） d.不完整左下颌（顶面观）

▲ 图4-45 杨氏半熊化石

有一个较长的尾，如果说它类似于猴子似乎会更令人信服。然而，它却是当今世界上唯一的、保存最为完好的东方祖熊化石（图4-46）。

图4-46　产于山旺的东方祖熊化石

东方祖熊的裂齿适于切割肉类，门齿、犬齿强大。趾尖有尖锐的爪，善于奔跑和跳跃。东方祖熊是小型食肉动物，大小接近现生灵猫，四肢纤长，后肢比前肢长，腰部形成较大的弧度，具长尾，动作灵巧，但牙齿已明显为"熊"式，即已有大大加长的裂齿和后臼齿，属强烈"杂食性"动物。它可能代表了现今熊类早期的一个旁支。

山旺生态系统食物链

大陆表面的陆地生态系统是大陆生态系统的一部分，既相互独立，又与相邻的湖泊或沼泽生态系统互相联系。陆地生态系统的草、树木等植物扮演着生产者的角色，昆虫幼体及植食性动物是初级消费者，杂食动物是中级消费者，食肉动物是高级消费者，它们共同构成了山旺陆地生态系统复杂的生物链（图4-47）。

时间回到1 800万年前，中新世的山旺古玛珥湖一片宁静，湖中生长着大量的硅藻及水生植物，鱼儿悠闲地游着，在水面上抖动翅膀的是中华河鸭，在湖边饮水的是山东山旺鸟。在湖滨生长着各种被子植物，那些鲜艳的花儿红得像火，粉得像霞，白得像雪，引得各种昆虫在其间忙来忙去，古鹿在低头吃草，安琪马在湖边饮水，无角犀在林中散步，嵌齿象用它那长长的鼻子卷食着枝上的嫩叶，惊得树上的硅藻鼠东奔西跑。到了傍晚，湖滨蛙声一片，在水下憋了一天的老鳖也把头探出了湖面，蝙蝠在天上飞来飞去，用它那敏感的雷达搜捕着空中的昆虫，森林中一片静，不时传来几声犬熊的吼声……这是一个多么神秘而又和谐的世界啊（图4-48）！

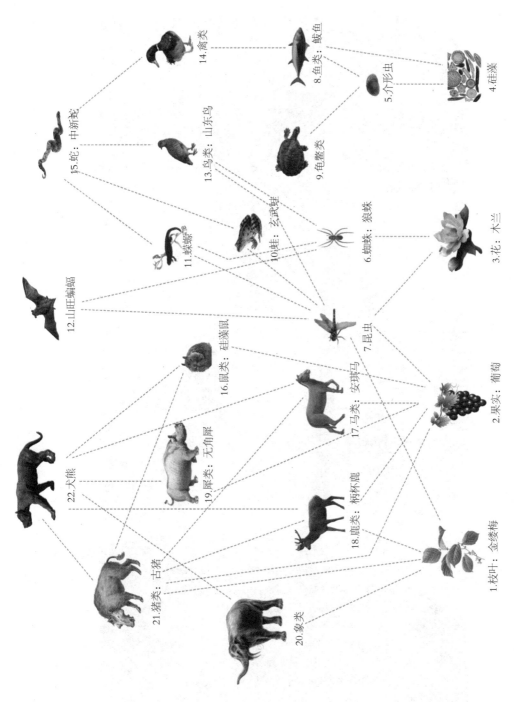

14.禽类

8.鱼类：鲹鱼

5.介形虫

4.硅藻

15.蛇：中新蛇

13.鸟类：山东鸟

9.龟鳖类

10.蛙：玄武蛙

6.蜘蛛：狼蛛

3.花：木兰

11.蝾螈

12.山旺蝙蝠

7.昆虫

2.果实：葡萄

16.鼠类：硅藻鼠

17.马类：安琪马

22.大熊

19.犀类：无角犀

18.鹿类：柄杯鹿

1.枝叶：金缕梅

21.猪类：古猪

20.象类

图4-47 山旺古生态系统食物链及古生物代表示意图（注：部分古生物类型为现代属种）

图4-48 山旺盆地中新世景观复原图

"万卷书"之"地层剖面"

地球自形成至今已有46亿年的历史，在这漫长的时光里，地球曾发生过怎样的变化、经历了怎样的发展历程？我们可以借助文字记载研究人类社会发展历史，而地球发展的历史变化我们又如何得知呢？答案便是记录地球历史的"书页"——地层。

古生物是以化石的形式保存在地层中，地层则是记载生物演化的一部历史巨著，是一部反映地球演化、生物界形成和发展的万卷书。

一条条壮观的地层剖面在山旺就有多条，而且其中还包括几条层型剖面。解家河南剖面、角岩山剖面的山旺组，占据了山旺盆地的主体，也是重要的含矿层位和丰富多彩的化石产出层。黄山剖面为尧山组标准剖面，尧山东剖面为一条火山景观地质剖面……它们组成了"万卷书"不同的篇章。

——地学知识窗——

地层

地层是层状岩石的统称。地层单位是根据岩石所具有的特征或属性划分出并能被识别的一个独立的特定岩石体或岩石体组合。地层依据岩石所具有的特征或属性进行不同的划分，如岩石地层、生物地层、年代地层、磁性地层等。不同地层类别使用不同的单位术语，如岩石地层的"群""组""段"，生物地层的"生物带"，年代地层的"界""系""统""阶"等。

化石组合剖面

来到山旺解家河南，齐刷刷的地层剖面上，层层叠叠，叠叠层层（图5-1）。最上面的是耕地，耕地下面是黄土，黄土下面是火山喷发的玄武岩，再下面就是包藏着无数生物遗骸的硅藻土页岩。这些硅藻土层由明暗相间的纹层组

▲ 图5-1　解家河南剖面

成，形成非常独特的地质景观。

该剖面属古生物化石组合带地层剖面，是山旺组的主剖面。剖面位置位于山旺自然保护区内山旺盆地中心以西500 m处，为盆地中心的高分辨率地层剖面（图5-2）。该剖面地层总厚度约22.45 m，共划分为19层，几乎每层中都发现有如叶片、果实、鱼、昆虫等动植物化石。其中第1层中的灰白色具黑白层理的硅藻土页岩，还发育有密集的揉皱类精美地质遗迹现象（图5-3）。

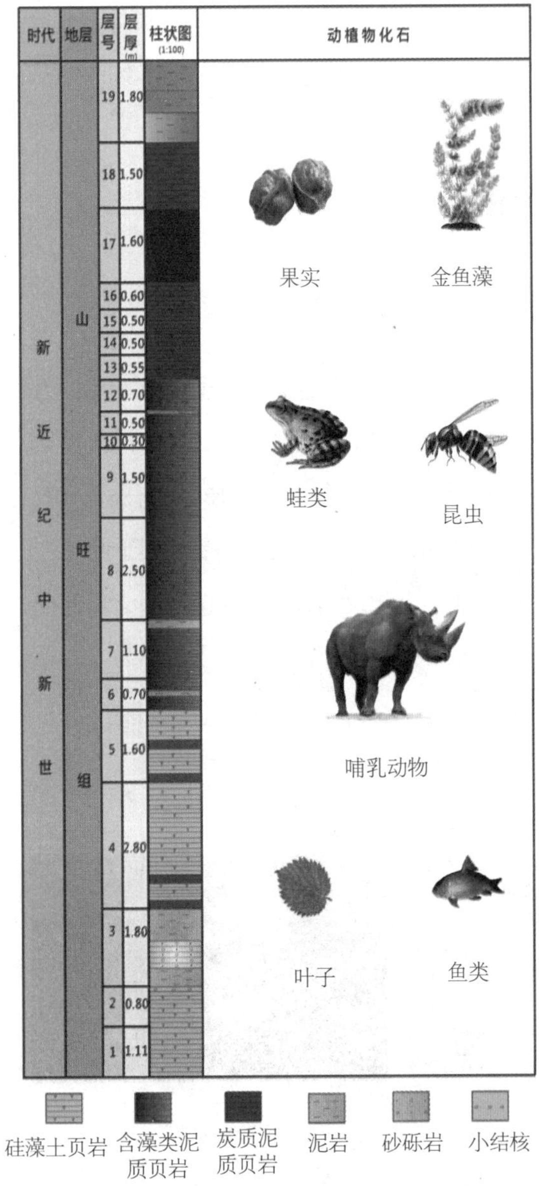

图5-3　硅藻土层揉皱

——地学知识窗——

硅藻土揉皱

　　硅藻土揉皱是硅藻土页岩在脱水过程中，因层间滑动所产生的塑性变形现象。这种层间的揉皱在粒度极细的泥页岩中极易发育，而在较粗的砂岩、粉砂岩中则不发育，层间褶皱往往限于两层砂质岩层所夹的泥页岩层内，不穿过砂岩。

时代	地层	层号	层厚(m)	柱状图(1:100)	动植物化石

果实　金鱼藻
蛙类　昆虫
哺乳动物
叶子　鱼类

硅藻土页岩　含藻类泥质页岩　炭质泥质页岩　泥岩　砂砾岩　小结核

图5-2　解家河南剖面柱状图

63

　　无数精美的古生物化石大多发现于该剖面。该剖面主要展现山旺盆地古生物化石层位层序及古生物化石赋存分布特征，对提高中新世山旺盆地的地层、生物及环境之间的高分辨率的研究，使之成为世界范围内中新世古生物研究的野外实验室和博物馆，具有重要的意义。

山旺阶研究剖面

　　该 剖面（图5-4、图5-5）位于盆地南部、角岩山东北坡。剖面展布方向为南西230°，长约200 m，宽约5 m，该剖面地层总厚约106 m，共划分为8层，完整展现了山旺组层序及盆地边缘的沉积特征。

　　该剖面研究历史悠久、意义不凡，为山旺阶研究剖面。1934年杨钟健与卞美年教授在访问齐鲁大学地质系主任Scott教授时见到的山旺鱼化石便是采集于此地。1935年，杨老来到山旺角岩山，之后他把角岩山下的砂砾岩及硅藻土层称为"山旺

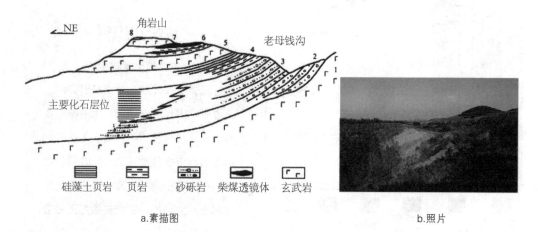

a.素描图　　　　　　　　　　　　　　　　b.照片

图5-4　角岩山剖面

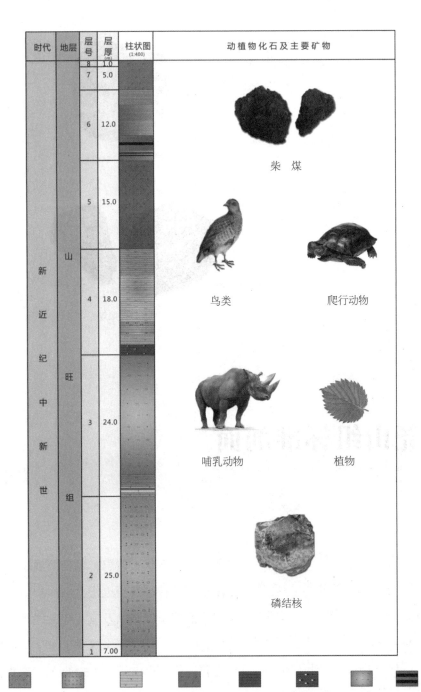

时代	地层	层号	层厚 (m)	柱状图 (1:400)	动植物化石及主要矿物
新近纪中新世	山旺组	8	1.0		
		7	5.0		
		6	12.0		柴 煤
		5	15.0		鸟类　　　爬行动物
		4	18.0		
		3	24.0		哺乳动物　　　植物
		2	25.0		磷结核
		1	7.00		

橄榄玄武岩　凝灰质砂砾岩　硅藻土页岩　玄武岩　炭质页岩　灰黑色油页岩　含砾砂质泥岩　煤层

▲ 图5-5　角岩山剖面柱状图

统"，以后由于这个名称与岩石地层单位不符而改为"山旺组"，时代定为中新世，距今1 800万年。这座不过30 m高的山便是萦绕在许多古生物学家心中的宝山！

该剖面的第3层底部为硅藻土沉积层，质地纯正，不仅富含动植物化石，而且常伴有磷结核（图5-6）出现。第6层整体岩性为灰绿色和黄色页岩夹炭质页岩，局部地段形成了柴煤（图5-7）或草煤。

▲ 图5-6 磷结核

▲ 图5-7 柴煤

尧山组标准剖面

该剖面为尧山组标准剖面（图5-8），位于黄山东，长约410 m，南东140°方向展布，剖面地层总厚度为96.62 m，由底到顶共划分为8层。剖面起点为尧山组与牛山组接触面，为牛山组粗粒辉石玄武岩，终点为尧山组灰红色气孔状玄武岩。该剖面展现了尧山组层型特征及新近纪火山作用中基性岩浆的喷发旋回以及气孔状玄武岩（图5-9）、杏仁状玄武岩（图5-10）、橄榄岩包裹体、火山弹（图5-11）、玄武岩球状风化（图5-12）等现象。

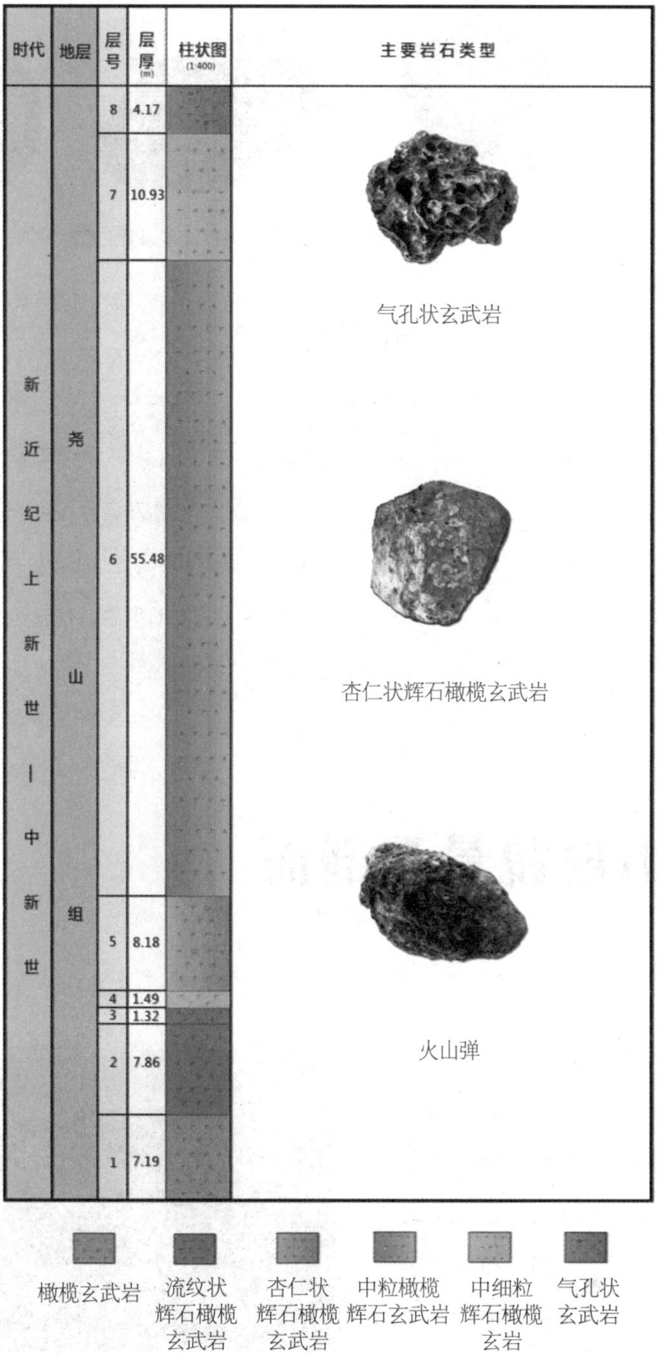

时代	地层	层号	层厚 (m)	柱状图 (1:400)	主要岩石类型
新近纪上新世—中新世	尧山组	8	4.17		
		7	10.93		气孔状玄武岩
		6	55.48		杏仁状辉石橄榄玄武岩
		5	8.18		
		4	1.49		
		3	1.32		火山弹
		2	7.86		
		1	7.19		

橄榄玄武岩　流纹状辉石橄榄玄武岩　杏仁状辉石橄榄玄武岩　中粒橄榄辉石玄武岩　中细粒辉石橄榄玄岩　气孔状玄武岩

图5-8　黄山剖面柱状图

67

图5-9　气孔状玄武岩　　图5-10　杏仁状玄武岩　　图5-11　火山弹　　图5-12　玄武岩球状风化

——知识之窗——

球状风化

　　球状风化是指岩石呈圆球状，由表及里、层层风化剥离的现象。它主要发生在花岗岩、辉绿岩以及某些砂岩中。不同方向的裂隙切割岩体，水、气体及各种微生物等沿裂隙侵入，结果产生由表及里、层层风化剥离。由于裂隙交汇处岩块的表面积较大，风化作用的强度和深度相对也大，使岩块内部未受风化的部分呈球形，因而得名。球状风化的风化碎屑物质被剥离后，残留的球形岩块称为"石蛋"。

火山地貌景观剖面

　　该剖面为火山地貌景观剖面，位于尧山东，长约300 m，宽15 m，近南北向展布，主要展现尧山组火山岩中柱状节理构造即熔岩流动特征。岩石宏观似竹林排立，参差簇拥，直指蓝天（图5-13），是科研教学及观赏的绝佳地。

图5-13　擦马山柱状节理

——地学知识窗——

柱状节理

几组不同方向的节理将岩石切割成多边形柱状体,柱体垂直于火山岩的基底面。如熔岩均匀冷却,应形成六方柱状,上细下粗,二者由顶柱盘面隔开。这种构造多发育在产状平缓的玄武岩内,也见于安山岩、流纹岩、熔结凝灰岩中。长期以来,人们一直认为柱体节理是熔岩冷却收缩形成的,长柱方向垂直于熔岩冷却时的等温面。但一些学者认为,单纯冷缩难以形成数米至十余米长的节理。

在我国云南省腾冲县的龙川江畔,矗立着一大片火山爆发时喷出的未露于地表岩浆冷凝后形成的柱状结晶,是我国迄今为止规模最大、保存完整、年代最短的柱状节理(图5-14),被当地人形象地称为"神柱"。

▲ 图5-14 云南腾冲柱状节理

Part 6 呵护"万卷书"

山旺"万卷书"是新近纪中新世时期中国东部唯一一处化石保存完整、门类保存丰富的具有重要科学价值的地层古生物遗产，也是世界范围内珍贵的、不可再生的重要资源，是中国地质宝库中具有浓墨重彩的一页。这本博大精深的无字天书，值得世人精心呵护！

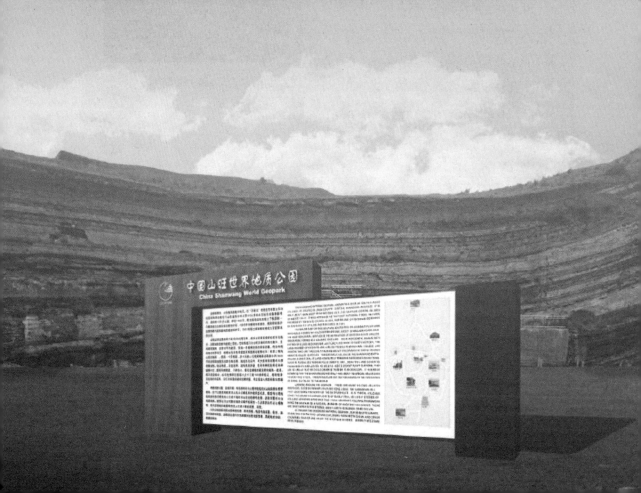

古生物化石是地质历史时期形成的并赋存于岩层中的生物遗体或生物活动的遗迹，包括植物、无脊椎动物、脊椎动物等化石及其遗迹化石。古生物化石是地球历史发展和生物演化的见证，是研究生物起源和进化的科学依据，同时又是重要的地质遗迹，是不可再生的宝贵遗产和重要的自然资源。

中国是古生物化石资源十分丰富的国家之一，古生物化石几乎遍及全国各地。特别是近年来发现的云南澄江动物群、热河生物群等，受到了国际科学界的广泛关注。

山旺地区目前已发现的动植物化石有十几个门类700多种，其中1/3是已灭绝的属种。昆虫化石翅膀清晰、保存完整，有的还保有绚丽的色彩。三角原古鹿和东方祖熊的骨架是迄今世界上保存最完好的标本，还有由40多个柄杯鹿骨架组成的极为壮观的柄杯鹿化石群。山旺化石种类之多、保存之完整，属世界罕见，对研究生物进化、古地理和古气候等，具有重要的科学意义，同时还具有较高的观赏和收藏价值，是珍贵的、不可再生的地质遗产。

保护管理 步入正轨

为了保护好山旺"万卷书"这一大自然馈赠给人类的宝贵礼物，这一难得的地质遗产和世界化石宝库，并为开展生物演化和环境演变等科研难题提供有力的科学证据，政府各有关部门采取了一系列有效的保护措施，做了大量的工作。

1979年7月，山东省政府正式向国务院申请建立山旺化石自然保护区。

1980年2月17日，国务院批复将山旺列为国家级自然重点保护区［国务院（80）国办函字2号］，由文化部门管理（图6-1）。

图6-1　山旺古生物化石保护区

山旺国家自然重点保护区自建立以来，陆续做了大量的保护工作，界定了工作区范围，制定了详细的管理措施，通过多渠道吸收资金，不懈地进行了保护治理。但由于当时古生物化石保护缺乏一整套权威的法规，使得古生物化石难以得到有效的保护。许多珍贵的古生物化石流

失，有的甚至遭到严重破坏，损失巨大。而且随着市场经济的发展，为了追求利益，倒卖古生物化石的现象也变得日趋严重。

山旺硅藻土微观结构奇异，孔径大，杂质少，质量居全国之首，主要用途为生产硫酸钒催化剂。富含古生物化石的硅藻土工业用途一经发现，山旺化石的厄运随之而来。1955年，山东省临朐县硅藻土矿（图6-2）成立，将开采到的硅藻土和夹杂在其中的化石作为化工原料粉碎使用，当地农民以开矿手段大量开采硅藻土作为工业原料出售，有的用来烧制砖瓦（图6-3）。无数宝贵的化石资源粉身碎骨，由化石变成了矿粉，化石产地也被挖得千疮百孔。

图6-2　硅藻土采矿坑

图6-3　硅藻土砖厂

1980年7月，山东省人民政府和临朐县人民政府发布公告，设定自然保护区面积为1.2 km²，包括牛山、尧山、角岩山、山旺、解家河一带。1981年，山东省山旺古生物化石保护管理所（图6-4）在保护区建立，位于临朐县上林镇解家河村，负责保护区的建设以及标本的收集、保藏和研究，并组织山旺景区保安队，禁止任何人乱采滥挖化石。

自1994年国土资源部下发《关于加强古生物化石保护的通知》以来，地方政府开展了以整顿为主要内容的古生物化石保护及地质环境保护工作，使得山旺古生物化石及地质环境保护在一定程度上得到了加强，山旺古生物化石的保护管理工作走上了规范化道路。

自2010年9月5日国务院令第580号发布《古生物化石保护条例》和2012年12月27日国土资源部令第57号发布《古生物化石保护条例实施办法》以来，山旺国家地质公园进行了山旺重点保护古生物化石集中产地的认定和甲级古生物化石收藏单位的评定工作，进一步加强了山旺古生物化石的保护和管理。

图6-4 山东省山旺古生物化石保护管理所

开发建设 排上日程

2001年，国土资源部批准山旺国家自然重点保护区改为山东山旺国家地质公园（图6-5），从此山旺加快了建设步伐，加强了保护力度，开始面向全国，走向世界。

山东山旺国家地质公园面积13 km²。核心区是国务院1980年2月批准设立的山旺国家自然重点保护区，面积1.2 km²。此后，国家先后投入2 000余万元对山旺国家地质公园核心区域的地质遗迹进行了科学的保护性建设，陆续做了大量的开发和保护工作。

🔺 图6-5 山东山旺国家地质公园石碑

化石标本采掘保护与修复

孕育山旺化石的硅藻土，质地细腻，颜色灰白，分层很薄，1 cm厚的硅藻土页岩达几十层之多，经风吹和阳光照射后，岩层会层层翘起，其中蕴藏的大量精美化石便会遭到损坏。所以，"万卷书"中"语言文字"的保存对温度、湿度等的要求非常高，长期以来如何完好保存也是一个难题。因此，对"万卷书"的"语言文字"进行发掘保护与修复是一项极具挑战性的工作。为了更好地呵护"万卷书"，呵护这本地学巨著，多年来从事山旺化石保护的工作者不断进行总结，摸索出了诸多的经验，并取得了良好的效果。

对于大、中型动物化石，在暴露后首先确认动物种类、赋存位置，进而确定其保护范围，如果采掘现场环境允许，最好在现场进行清理；如果动物个体不是很大，如龟、蛇、鸟等，则将化石连同周围上下硅藻土岩层整体切割搬入室内，在确保温度、湿度合理的前提下，在室内进行清理、修复和保护工作。清理、修复是一个细致的过程，工具主要有竹条、竹签、手术刀、毛刷等。清理完化石表层的硅藻土后，要用清漆稀释液在化石表层反复涂刷，使稀释液渗入化石里面，以达到加固化石、防止风化的目的。

中、小型动植物的化石，包括某些爬行类动物如龟、鳖、蛇等，还有某些鸟类、鱼类、昆虫类动物以及植物化石中的叶、花、果实等，共同特点是形体较小，采掘时一般无须用石膏膜加固。对于有些鱼类、鳖、鸟等稍大一点的动物化石，发现后只需在化石周围留出一定空间，然后将硅藻土切割搬运到修复室中，对化石进行加固，处理方法同大型动物化石一样。加固化石时应同时将硅藻土和化石一块加固，否则硅藻土风化，化石也就荡然无存。所以，硅藻土也要涂刷清漆稀释液，加固好后一般要配盒包装。配盒时则需用

◀ 图6-6　清理化石表层

◀ 图6-7　化石表面涂刷清漆稀释液

石蜡将硅藻土进行封埋处理。

小鱼、树叶、昆虫类化石在山旺化石中最常见，这类化石大多只出露一点或一部分，这就需要剥掉覆盖的硅藻土。首先，要保证化石有一定的湿度，否则难以剥开；其次，要有专门的工具，一般是小铲或薄刀片。化石剥离后同样用清漆稀释液进行加固，然后用木盒灌石蜡，制成标本保存。近年来还出现了一种加固和保护山旺化石的方法，叫树脂封埋法。该方法是将干透的化石标本放入透明的环氧树脂中封埋。优点是封埋后的化石能够长期保存，缺点是

化石封存后将不能再次取出更换包装，不像石蜡制作的标本可以从木框中取出，进行直观的观察研究。

地层剖面保护与开发

解家河南剖面属古生物化石组合带地层剖面，位于保护区内山旺盆地中心以西500 m处，为早前挖掘硅藻土矿遗留的大坑。

该剖面对展现山旺盆地古生物化石层位层序及古生物化石赋存分布特征，提高中新世山旺盆地的地层、生物及环境之间的高分辨率的研究具有不可替代的价值，将建成为世界范围

——地学知识窗——

植物叶片化石的保存方法

当我们采集到叶片化石标本时，不要急于涂化学药品，最好是先放在阴凉处过两天，然后配制具有一定渗透力且能保持化石本色、浓度不是太大的黏合剂，分几次轻轻抹在化石表面，最好采用喷洒方式；直到已经渗透到化石所在的硅藻土页岩层底层为止。经过几小时的通风晾干后，再涂上一层透明的、用水稀释过的白色乳胶液。经过一段时间晾干后，已经渗透了黏合剂的页岩层就会与未经渗透的部分自然裂开，然后将化石翻过来，同样用白色乳胶液涂上，周围要与正面涂的相接。晾干后，化石标本就像夹在软质塑料里一样，柔软而透亮，就连树叶的脉络都清晰可见。这样制作的树叶化石，既可长期保存，又可制作成艺术品、书签供观赏或作为纪念品。

内中新世古生物研究的野外实验室和博物馆。

对该剖面的保护主要是进行剖面周围的滑坡治理和加固工作（**图6-8**、**图6-9**、**图6-10**、**图6-11**）。首先，对易滑坡地带实施护坡工程，使山体稳定，防止滑坡地质灾害发生。其次，对剖面进行截水暗沟和挡土墙工作，防止剖面底部渗水造成剖面坍塌，并安装排水设备，贴剖面在底部浇3 m高混凝土墙，预防特大降雨水浸。

同时，剖面的外侧用护栏隔离，实行永久性保护，人行参观道设计在剖面护栏外部，供游人参观考察；剖面内侧

▲ 图6-8　土方清理现场

▲ 图6-9　护坡施工现场

▲ 图6-10　治理前的剖面

▲ 图6-11　治理后的剖面

建设人行水平走梯和斜长梯，仅供科研之用。

展馆建设与保护

展馆建设是公园建设的重要组成部分，是古生物化石实施保护措施、对外宣传展示、实现山旺古生物化石的科学价值和观赏价值的重要手段。山旺国家地质公园展馆（图6-12、图6-13）共4层，建筑面积3 600 m²，分5个展厅、1个多功能厅和1个学术报告厅。现已布展3个展厅，分别为综合厅、陆生厅和水生厅，展出面积共计1 080 m²，展板109块，标本650件。

截至目前，对"万卷书"的保护已投入资金2 000余万元，主要用于地质公园建设、滑坡地质灾害治理、层型剖面清理、地质遗迹保护及配套设施修建等。地质公园区已完成的主要项目有化石展馆，标志性大门，地质公园内主要道路、停车场，地质公园内地层、地形勘察；山旺地层层型剖面制作，层型剖面周边滑坡地质灾害治理；征用土地，供电、供水、排水等基础设施建设。

▲ 图6-13 山旺国家地质公园大门及展厅

▲ 图6-12 山东山旺国家地质公园博物馆

2011年，山旺国家地质公园成功申报为国土资源部野外科学观测研究基地。山旺国家地质公园野外科学观测研究基地将成为国家科研基础平台的重要组成部分，为全球资源生态环境的研究做出重要贡献。

科普活动　越办越红

20世纪80年代，北京科学教育电影制片厂摄制的《化石宝库》在第15届贝尔格莱德国际科教电影节上获得科学纪录片金奖，最早向世界系统介绍了山旺古生物化石宝库。

20世纪90年代，山旺"万卷书"研究进入了新的阶段，开始向多学科综合研究发展，国内外各方面专家学者纷纷展开了对"万卷书"的研究。到目前为止，主题涉及综合地质研究、山旺植物化石研究、山旺昆虫化石研究、山旺蜘蛛化石研究、山旺脊椎动物化石研究、山旺环境与古生态研究，各种论文、专著等有200余篇（册）。

1996年，山旺古生物化石进京展在北京引起了极大轰动。国务院30多个部委的37名副部级以上领导参观了展览并给予了高度评价。2000年，山旺古生物化石博物馆被中国古生物学会授予"科普教育基地"；2002年，被山东省委宣传部授予"省级青少年爱国主义教育基地"；同年，被临朐县委、县政府授予"青少年科技创新教育基地"。

2003年，中国中央电视台10套《走进科学》栏目组在山旺拍摄了专题片《尘封的书卷》。

2006年，中国中央电视台4套《走遍中国》栏目组在山旺拍摄了专题片《解密天书》，分别在中央电视台和地方电视台播放。

2011年，中国中央电视台10套《地理中国》栏目组在山旺拍摄了专题片《石头中的万卷书》。

2014年6月，山东山旺国家地质公

园被山东省科协、山东省财政厅正式命名为"全省三星级科普教育基地"（图6-14）。

随着国家地质公园的成立和全国科普教育基地的建设，山旺不断吸引着国

▷ 图6-14 开展中小学生科普教育活动

——地学知识窗——

中国第一座古生物化石博物馆

1981年，经山东省人民政府编委公布，成立山东临朐山旺古生物化石博物馆。该博物馆于1982年开建，1985年第一期工程竣工建成。它是全国第一座古生物化石专业博物馆。1996年山旺古生物化石博物馆第二期工程建成并投入使用，主体分为3层。馆体采用明末清初二层楼阁式建筑形式（图6-15），整个建筑气势宏伟，巍峨壮观，周围廊宇环绕，雕梁画栋，雍容典雅。馆中陈列了大量珍贵的化石，辟有山旺化石、石佛、民俗、书画精品、奇石精品和城市规划展六大展览及一处石刻长廊，是一个集陈列、教育、收藏、研究和利用于一体的综合性博物馆。

▲ 图6-15 山旺古生物化石博物馆

内外游客前来参观、学习和研究。据统计，近年来共接待游客30万余人，包括来自比利时、美国、日本、韩国等国家的游客5 000余人；接待澳大利亚、美国、英国、日本、俄罗斯、奥地利、加拿大、意大利、德国等十多个

国家和我国港澳地区的考察专家近千人次。近年来，游客人数呈逐年递增趋势，2009~2011年累计接待游客22.1万人次，年增长速度在35%左右。山旺国家地质公园在临朐县旅游业发展中的地位和作用越来越突出，越来越重要。

宏伟蓝图　正在实施

大自然是一位科学巨匠，以超凡的智慧、宏大的气魄、细腻的手笔，在山旺描绘出一处处不可比拟的地质绝笔。山旺古生物化石群已被批准为国家地质公园，但还有一个更宏伟的蓝图正在实施：为了更好地保护好这片充满无尽遐想与诱惑的土地，更好地呵护好这本"万卷书"，2011年底，山东山旺国家地质公园正式启动了世界地质公园的申报工作，邀请了国内著名专家学者进行了实地考察，撰写了包括综合考察报告、规划说明书、规划文本、申报书、图册、申报片等在内的一系列申报材料。

山旺盆地是一个古老的玛珥湖盆地，所以，地质公园的大门将以火山作用形成的玛珥湖为主题来设计，打造公园的第一道标志性风景（图6-16）。

广场是"山旺远古生命世界"的序曲，以生命的起源作为主要展示内容，展示园区概况、参观指导，具有体验服务中心的综合功能，形式简洁古朴，突出新近纪古生物特色（图6-17）。参观者到此，触动心灵，使其参观欲望达到极致。

主碑的设计将采用高度概括的艺术表现手法，突出自然与人文相结合的设计理

81

▲ 图6-16 山旺世界地质公园大门

▲ 图6-17 山旺世界地质公园广场

念，选取紫铜和石材造型作为碑身（图6-18）。

随着全国地质公园旅游的升温及世界地质公园申报工作的展开，现有的地质公园博物馆已经无法满足游客日益多元化的旅游需求，规划重新建设一座新的地质博物馆，而现有的博物馆将进行功能转变，成为公园综合性的服务大楼。

▲ 图6-18 山旺世界地质公园主碑

筑。博物馆正门以充满张力的折线体现书的造型，表现出山旺如同一本记载大地密码的书卷，珍藏着地球生命的奥秘（图6-19）；建筑西侧以简单的锥形体现火山锥，表现化石堆积生长的概念（图6-20）。

依托尧山良好的生态环境，于尧山天池畔建设公园的学术交流中心（图6-21）。中心集会议、娱乐、餐饮、住

新的地质公园博物馆设计立足于山旺国家地质公园的景观特征，借鉴了"化石是厚载生命的万卷之书""火山锥"的概念，尝试以建筑的语言，力图通过简洁而富于变化的几何形象、现代化建筑材料的运用，使建成后的山旺国家地质博物馆成为具有强烈标志性和时代感的代表性建

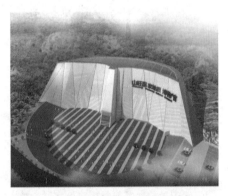

▲ 图6-19 山旺世界地质公园博物馆正门鸟瞰图

▲ 图6-20 山旺世界地质公园博物馆西侧鸟瞰图

▲ 图6-21 山旺世界地质公园学术交流中心

宿、度假于一体，致力于为广大地质研究机构和学者提供广阔的学术交流平台。

未来这些工程的建成和建立，将为国内外古生物学家、地质学家提供良好的科研场所和丰富的科研内容，也为科普教育提供良好的基地，为山旺的旅游发展增加活力，集科学研究、教学实习、科普教育和旅游发展于一体，为中华民族的复兴之梦做出积极贡献。

——地学知识窗——

"万卷书"之最

目前世界上发现鹿类化石最多、保存最完好的化石产地——临朐山旺。从1961年在山旺硅藻土矿中发现了第一件柄杯鹿头骨开始，到目前为止，山旺保存完整的鹿骨架已达60余个。

中国第一鸟——山旺山东鸟。1976年出土于临朐山旺，不仅揭开了山旺"万卷书"中鸟类化石的第一页，更重要的是开拓了我国化石鸟类研究的新局面。

中国最早的蝙蝠化石——"意外山旺蝙蝠"。1977年在山旺发现并由杨钟健教授命名。

世界上第一件完整而又怀孕的犀牛化石——山旺近无角犀。1978年在保护地质遗迹、修建硅藻土页岩剖面时发掘出土，带胚胎的犀牛化石也是世界上唯一的。

我国秧鸡科乃至鹤形目保存最完整、时代也是最早的化石代表——秀丽杨氏鸟。1979年发现于山旺硅藻土矿中，它的肌胃中依然保存有"胃石"，更为鸟类化石中所少见，首开我国记录。

我国已知鸭科甚至雁形目中保存最完整的、时代最早的化石代表——中华河鸭。1980年发现于临朐山旺。

目前世界上唯一保存最为完好的东方祖熊化石——山旺东方祖熊。1981年发现于临朐山旺。山旺祖熊是目前已知最小的一种，四肢细弱、灵巧，有一个较长的尾，类似于猴子。

目前亚洲新近纪地层中保存最好的貘化石——矢木氏近貘。1985年在山旺发现，为我们研究貘类早期进化提供了重要的科学依据。

参考文献

[1]叶素娟, 袁宝印. 山东临朐中新统山旺组硅藻土古地磁的初步研究[J]. 地球物理学报, 1980,23(4):460-463.

[2]李浩敏. 山东山旺植物群的时代[J]//中国古生物学会. 中国古生物学会第十二届年会论文选集.北京: 科学出版社, 1981, 158-162.

[3]李凤麟. 山东临朐山旺组的再认识[J]. 地层学杂志, 1991, 15(2):123-129.

[4]罗照华, 李凤麟, 杨慕华.山旺盆地的成因及其地质意义[J]. 现代地质,1992, 6(1): 30-38.

[5]杨洪. 古植物的全息生活型复原及山旺中新世植物群的古气候指示[J]. 大自然探索, 1988, 7(1): 127-133.

[6]梁明媚, 阎际兴, 宋书银, 等. 山东山旺中新世植物群的研究进展[J]. 植物学通报: 增刊, 1998, 15:32-40.

[7]孙博. 山旺植物化石[M].济南: 山东科学技术出版社, 1999: 1-167.

[8]李俊德, 杨健, 王宇飞. 山东山旺中新世的水生植物[J]. 植物学通报, 2000(17), IOPC_VI古植物学专辑: 261.

[9]梁明媚, 王宇飞, 李承森. 山旺中新世植被演替及古气候定量研究[J].古地理学报, 2001, 3（3）: 11-19.

[10]孙启高, 王宇飞, 李承森. 中新世山旺盆地植被演替与环境变迁[J]. 地学前缘, 2002, 9(3): 111-117.

[11]孙艾玲. 山东山旺中新世蛇化石[J]. 古脊椎动物与古人类, 1961, 5(4) : 306-312.

[12]李传夔. 山东临朐中新世啮齿类化石[J].古脊椎动物与古人类, 1974, 12(1): 43-53.

[13]闫德发. 关于近无角犀(Plesiaceratherium)的形态和分类[J]. 古脊椎动物与古人类, 1983, 21(2):134-143.

[14]叶祥奎, 孙博. 山东临朐鸟类化石的新材料[J]. 古脊椎动物学报, 1984, 22(3): 208−212.

[15]邱占祥, 闫德发, 贾航, 等. 山东山旺Palaeomeryx化石的初步研究[J]. 古脊椎动物学报, 1983, 23(3): 173−195.

[16]邱铸鼎, 孙博. 山东山旺新发现的哺乳动物化石[J]. 古脊椎动物学报,1988, 24(1):50−58.

[17]杨式溥. 山东山旺中新世硅藻页岩中的遗迹化石[J]. 地质论评, 1996, 42(2): 187−190.

[18]侯连海, 周忠和, 张福成, 等. 山东山旺发现中新世大型猛禽化石[J]. 古脊椎动物学报, 2000, 38(2): 104−110.

[19]张俊峰. 山旺昆虫化石[M]. 济南: 山东科学技术出版社,1989.

[20]王宪曾. 山东临朐中新世山旺湖古环境初探[J]. 北京大学学报: 自然科学版, 1981(4):100−111 .

[21]孙博. 山旺古生物图鉴 (中英对照) [M].北京: 科学出版社, 1995.

[22]导演: 陈国民, 顾问: 徐仁, 技术指导:陶君容, 阎得发, 1984. 电影《山旺古生物宝库》, 北京科教电影制片厂摄, 北京(注: 获贝尔格莱德国际科教电影节科学纪录片金奖).

[23]Young C C. A Miocene fossil frog from Shantung[J]. Bulletin of the Geological Society of China,1936b, 15(2):189−196.

[24]Hu H H, Chaney R W. A Miocene Flora from Shantung Province, China[R]. Carnegie Institution of Washington Publication ,1940(507)： 1−147 (NB: Part I was published on November 22, 1938; Part II published October 31, 1940).

[25]Brown R W. Alternation in some fossil and living floras[J]. Journal Washington Acad,1946, 36(10): 344−355.